U0291842

编程与应用开发
丛 书

ThinkPHP 8

高效构建Web应用

夏磊 著

清华大学出版社
北 京

内 容 简 介

ThinkPHP 是一个免费开源、快速、简单、面向对象、轻量级的 PHP 开发框架，已经成长为国内最领先和最具影响力的 Web 应用开发框架，众多的典型案例可以表明它稳定用于商业以及门户级网站的开发。本书通过丰富的代码示例和详细的讲解，帮助读者快速上手 ThinkPHP，高效构建 Web 应用。本书配套示例源码、作者答疑服务。

本书共分 17 章，由浅入深地讲解 ThinkPHP 应用开发方法，内容包括开发环境搭建、PHP 8 新特性及其示例、MVC 模式、ThinkPHP 8 新特性、路由、控制器、数据库、模型、视图、异常管理与日志系统、命令行应用开发、Ubuntu 服务器部署、多人博客系统开发、图书管理系统开发、论坛系统开发、微信小程序商城系统开发。

本书要求读者有 PHP 编程基础。本书适合 ThinkPHP 框架初学者、ThinkPHP 应用开发人员阅读；也可作为高等院校和高职高专院校 Web 应用开发课程的教材。

图书在版编目（CIP）数据

ThinkPHP 8 高效构建 Web 应用 / 夏磊著. -- 北京：

清华大学出版社，2025. 1. --（编程与应用开发丛书）.

ISBN 978-7-302-67823-6

Ⅰ. TP312. 8

中国国家版本馆 CIP 数据核字第 2024JK1887 号

责任编辑：夏毓彦
封面设计：王　翔
责任校对：闫秀华
责任印制：刘海龙

出版发行：清华大学出版社

网　　　址：https://www.tup.com.cn，https://www.wqxuetang.com

地　　　址：北京清华大学学研大厦 A 座　　　　　邮　　编：100084

社 总 机：010-83470000　　　　　　　　　　　邮　　购：010-62786544

投稿与读者服务：010-62776969，c-service@tup.tsinghua.edu.cn

质 量 反 馈：010-62772015，zhiliang@tup.tsinghua.edu.cn

印 装 者：三河市春园印刷有限公司

经　　销：全国新华书店

开　　本：190mm×260mm　　　　印　　张：13.75　　　字　　数：371 千字

版　　次：2025 年 1 月第 1 版　　　　　　　　　印　　次：2025 年 1 月第 1 次印刷

定　　价：89.00 元

产品编号：105027-01

前　　言

本书主要讲解使用 ThinkPHP 8 框架开发 Web 应用。ThinkPHP 是一种学习曲线比较平滑的 PHP 开发框架，它能够让你构建各种 Web 应用。通过不断完善，以及与积极活跃的社区相结合，该框架的发展前景非常好。

PHP 8 是 PHP 语言的一个主版本更新，它包含了很多新功能与优化项，为开发者提供了更多的可能性和性能改进。而全新发布的 ThinkPHP 8 版本基于 PHP 8 对 ThinkPHP 6.1 版本做了重构和优化，提高了其性能和用户的开发体验。

目标读者

本书的目标读者，是熟悉 PHP 编程语言和具有一定 MySQL 编程经验的程序员，比如 Web 应用开发工程师、拥有 PHP 基础想深入掌握 PHP 大型项目开发技能的开发人员。由于本书写得比较简明易懂，也适合作为高校 Web 应用开发的教材。

本书概要

第 1 章回顾 PHP 语言的演进历程，并深入探讨 PHP 与 ThinkPHP 开发环境的搭建，以及现代集成开发环境（IDE）Visual Studio Code 的集成实践，以提升开发效率和代码质量。

第 2 章详尽解析 PHP 8 引入的关键创新特性，涵盖命名参数的增强语法、注解的集成支持、match 表达式的灵活应用、nullsafe 运算符的安全引用机制，以及 JIT 编译器的性能优化策略。

第 3 章系统阐释 MVC 架构模式的理论基础，并深入剖析模块间的交互流程，揭示 MVC 在复杂应用开发中的结构优势和实现策略。

第 4 章深入挖掘 ThinkPHP 8 的创新特性，重点讨论容器化管理与依赖注入的高级应用、Facade 设计模式的简化接口、事件驱动架构的动态响应，以及中间件的流程控制机制。

第 5 章细致讲解路由机制的配置与应用，包括路由的定义策略、资源路由的自动化支持、注解路由的声明式配置，以及 URL 的精确生成技术。

第 6 章专注于控制器层面的实现细节，包括请求参数的精确捕获、请求验证的严格规则、以及响应输出的多样化格式。

第 7 章深入数据库交互的核心，探讨查询构造器的高级用法和链式查询操作的性能优化技巧。

第 8 章剖析模型层的设计哲学，包括模型的定义方法、关联模型的复杂关系映射，以及数据持久化的最佳实践。

第 9 章探讨视图层的实现机制，包括模板变量的动态绑定、模板渲染的流程控制，以及模板引擎的高效渲染策略。

第 10 章讨论异常处理与日志记录的系统化方法，包括自定义异常页面的用户体验设计和日志系统的全面监控能力。

第 11 章指导命令行应用的全生命周期开发，从自定义指令的构思到执行的自动化流程。

第 12 章介绍服务器部署的实战技巧，包括 Ubuntu 系统下 LNMP 环境的搭建。

第 13 章深入数据库设计的策略与工具，包括设计原则的系统阐述和设计软件工具的高效应用。

第 14 章通过一个多人博客系统的开发案例，全面展示 ThinkPHP 框架在实际项目中的应用，以及如何通过实践加深对框架深层逻辑的理解。

第 15 章展示图书管理系统的开发过程，揭示管理端系统开发的复杂性和系统性解决方案。

第 16 章深入论坛系统的开发细节，包括端到端设计的策略和实现，展示社区驱动应用的构建过程。

第 17 章讨论微信小程序商城的全栈开发，包括用户端 API 的设计和后台管理系统的实现，探讨移动互联网时代的电商解决方案。

准备工作

学习本书需要有 PHP 编程基础知识、MySQL 基本的增删改查操作技能，以及少许的 HTML 网页编写知识。不过，如果没有 HTML 编写经验，也不会影响本书的学习。

要真正掌握本书的内容，建议读者亲自编写书中的示例代码并尝试改进代码，以熟悉 ThinkPHP 的应用开发流程，在此基础上读者能够编写出生产可用的 Web 应用。

运行本书示例没有任何特定的硬件要求，任何支持 PHP 8 的操作系统都可以。书中的所有示例代码和项目都能在 Windows 和 macOS 操作系统上运行。PHP 8 还为其他操作系统提供了一流的支持，其中也包括 Linux，因此所有示例代码都可以在这些操作系统上运行。

示例代码下载

本书配套示例源文件，读者需要用自己的微信扫描右边二维码来获取这些资源。或者从 https://github.com/xialeistudio/ThinkPHP8-In-Action 下载。

致谢

在本书的创作旅程中，我深感荣幸能够获得众多朋友和同行的无私帮助、中肯建议以及富有建设性的批评。这些宝贵的反馈是我不断前行和完善的动力。

首先，我要向清华大学出版社的全体工作人员表达我最诚挚的感谢。在本书从构思到成书的整个过程中，他们的专业指导和细致工作是不可或缺的。特别要感谢我的责任编辑夏毓彦，他以其敏锐的洞察力和无比的耐心，为本书的完善和最终出版提供了巨大的帮助。

此外，我非常感谢我的妻子。在我投身于写作的日日夜夜，是她的理解、支持和爱，让我能够心无旁骛地追求学术与文字的完美融合。没有她的辛苦付出，本书将无法问世。

我还想对 ThinkPHP 社区表示深深的谢意。这是一个充满活力和创造力的集体，社区成员的热情支持和智慧贡献，为我的写作提供了丰富的灵感和坚实的知识基础。

夏磊

2024 年 11 月

目　　录

第 1 章

PHP 概述与开发环境搭建

PHP（Hypertext Preprocessor，超文本预处理器）是一种在 Web 开发领域广泛使用的脚本语言。它的起源可以追溯到 1994 年，由 Rasmus Lerdorf（拉斯马斯·勒德尔夫）首次开发，并在 1995 年推出了首个版本。至今，PHP 在 Web 开发技术体系中仍然占据着重要的地位。

本章旨在向读者介绍 PHP 的发展历程以及 PHP 8 带来的新特性。我们假设读者已经具备了 PHP 的基础知识，并且对面向对象编程有所了解。通过本章提供的代码示例及其详细解释，读者将能够快速熟悉 PHP 8 的新功能。同时，我们还将探讨这门语言未来的发展趋势。

掌握一个新的框架需要持续探索和动手实践。我们强烈建议读者亲自动手编写本书提供的代码示例，而不仅仅是复制和粘贴。正如俗话所说的"熟能生巧"，动手实践胜过千遍阅读。

在本章中，我们将介绍以下主要内容：

- PHP的发展历史
- PHP 8的新特性简介
- 安装PHP 8和IDE

1.1　PHP 发展历史

PHP 是一种在 Web 应用开发领域广泛使用的脚本语言。自 20 世纪 90 年代中期诞生至今，PHP 已实现了显著的发展。它从最初的简陋形态，成长为一种卓越的网络编程语言，其发展历程堪称技术爱好者的传奇故事。

以下是 PHP 的一些历史大版本及其特点介绍：

- PHP 1.0（1995年）：作为PHP的起始版本，它具备了基础的CGI功能，主要用于处理表单数据和生成简单的动态网页。
- PHP 2.0（1997年）：此版本增添了新特性，包括数据库连接和正则表达式的支持，使得PHP更为强大和灵活。
- PHP 3.0（1998年）：这是一个重要的升级版本，引入了Zend引擎（Zend Engine），提升了性能和可扩展性。同时，PHP 3.0 增加了对更多数据库的支持，如 MySQL 和 PostgreSQL。

- PHP 4.0（2000年）：该版本带来了众多关键特性，包括面向对象编程（OOP）的支持、异常处理、XML 解析等，标志着 PHP 成为一种更为成熟和强大的编程语言。
- PHP 5.0（2004年）：这一重大升级引入了 Zend 引擎 II（Zend Engine 2.0）、命名空间、改进的异常处理和增强的面向对象编程等特性，进一步提高了 PHP 的性能和功能性。
- PHP 7.0（2015年）：作为 PHP 的最新主要版本，它带来了显著的特性和性能改进，如引擎的重写、标量类型声明、返回类型声明、匿名类等，使 PHP 的性能成倍提升，并优化了开发体验。
- PHP 8.0（2020年）：目前最新的主要版本，也是一个关键的迭代。PHP 8 引入了众多新特性和改进，包括 Just-In-Time（JIT）编译器、属性初始化的简化语法、联合类型（Union Types）。

那么，为什么没有 PHP 6.0 呢？PHP 6 原本是计划中的一个版本，旨在提供完整的 Unicode 支持。然而，由于种种挑战，PHP 6 项目在 2010 年被取消了。尽管如此，PHP 6 中许多提议的功能已在 PHP 5.x 系列中得到实现，尤其是在面向对象编程方面的重要改进。感兴趣的读者可以访问 PHP 6 的维基页面以获取更多详情。

1.2 PHP 8 新特性概述

PHP 8 作为 PHP 语言的一个重要更新版本，于 2020 年 11 月正式推出，这个版本对于 PHP 社区的开发者而言，无疑是一个激动人心的里程碑。该版本引入了多项新特性和优化，其中包括命名参数、注解、match 表达式、nullsafe 运算符、JIT 编译器，以及对类型系统、错误处理和语法一致性的改进。

1. 命名参数（Named Parameters）

PHP 8 新增了命名参数功能，允许开发者在调用函数或方法时，通过参数名称来指定值，而不是依赖于参数的位置。这一特性增强了代码的可读性和可维护性，使得开发者可以只对感兴趣的参数赋值，而忽略其他可选参数。

2. 注解（Attributes）

PHP 8 引入了注解，也称作属性。注解提供了一种将元数据附加到类、属性、方法或函数上的方式。通过定义特定的类并使用 #[Annotation] 语法，注解可用于文档生成、代码分析和运行时元编程。

3. match 表达式

match 表达式是 PHP 8 的一项新特性，它提供了一种更强大的模式匹配语法，类似于 switch 语句。match 表达式支持严格的类型检查和条件匹配，使得代码更加简洁和易于理解。

4. nullsafe运算符

PHP 8 引入了 nullsafe 运算符（?->），用于简化对可能为 null 的变量进行方法调用或属性访问的操作。在之前的版本中，如果要访问一个可能为 null 的对象的属性或方法，需要使用冗长的 null 检查代码。而 nullsafe 运算符允许你在变量为 null 时直接返回 null，而不会引发错误。

5. JIT编译器

PHP 8 引入了 JIT 编译器，这项技术能够在运行时将 PHP 代码编译为机器码，从而显著提升 PHP 代码的执行性能，尤其是在进行密集计算时。

6. 其他新特性

PHP 8 还包含以下新特性：

- 改进了类型系统，包括对联合类型（union types）的原生支持和属性的类型声明。
- 新的错误处理机制，引入了Throwable接口和统一的异常处理。
- 字符串操作的改进，新增了字符串函数和更好的Unicode支持。
- 新增了WeakMap和WeakReference等标准库类。
- 语言和语法的改进，包括匿名类和闭包语法的简化。
- 性能优化，通过内部改进提高了代码执行效率。

对于想要深入了解 PHP 8 编程语言的读者，推荐阅读清华大学出版社出版的《PHP 8 从入门到精通（视频教学版）》一书。

1.3　安装 PHP 8.0

本节简单介绍在 macOS、Ubuntu/Debian、CentOS 和 Windows 系统中搭建 PHP 8.0 开发环境。建议初学者直接使用 Windows 系统快速学习本书内容，跳过其他系统的内容。

1. macOS系统用户

macOS 系统用户可以使用 Homebrew 安装 PHP，命令如下：

```
brew install php
```

2. Ubuntu/Debian系统用户

Ubuntu/Debian 系统用户可以使用 apt-get 安装 PHP，命令如下：

```
apt-get install php php-fpm php-curl php-dev php-mbstring php-mysql php-bcmath
```

3. CentOS系统用户

CentOS 系统用户可以使用 yum 安装 PHP，命令如下：

```
sudo yum install -y https://dl.fedoraproject.org/pub/epel/epel-
release-latest-7. noarch.rpm
```

```
sudo yum install https://rpms.remirepo.net/enterprise/remi-release-7.rpm
sudo yum-config-manager --disable 'remi-php*'
sudo yum-config-manager --enable remi-php80
sudo yum update
sudo yum install php
sudo yum install php
php-{cli,fpm,mysqlnd,zip,devel,gd,mbstring,curl,xml,pear,bcmath,json}
```

4. Windows系统用户

Windows 系统用户可以前往 https://windows.php.net/downloads/releases/archives/下载 PHP 8.0 版本，比如作者下载的文件名为 php-8.0.29-Win32-vs16-x86.zip，在系统当前用户根目录下解压安装包，解压之后把 PHP 目录加入环境变量 Path 中。打开 Windows 终端管理员，查看一下 PHP 的版本号，命令如下：

```
PS C:\Users\xiayu> php --version
PHP 8.0.29 (cli) (built: Jun  7 2023 21:23:12) ( ZTS Visual C++ 2019 x86 )
Copyright (c) The PHP Group
Zend Engine v4.0.29, Copyright (c) Zend Technologies
PS C:\Users\xiayu>
```

1.4 安装 IDE

常用的集成开发环境（IDE）包括 PHPStorm 和 Visual Studio Code，开发者可以根据个人偏好和项目需求选择安装。

PHPStorm 是由 JetBrains 公司开发的，它提供了丰富的特性和工具，专门针对 PHP 开发做了优化。PHPStorm 包括代码自动完成、错误检查、代码重构、版本控制集成等功能，非常适合专业 PHP 开发人员。

Visual Studio Code（简称 VS Code）是由微软开发的轻量级 IDE，它免费且可扩展。VS Code 支持多种编程语言，包括 PHP，通过安装相应的 PHP 扩展插件，可以实现类似于 PHPStorm 的编程体验。

读者可以根据自己的开发习惯和需求，选择适合自己的 IDE 进行安装和使用。

1. Visual Studio Code的安装

安装 Visual Studio Code 可以从官方网站 https://code.visualstudio.com/下载 Visual Studio Code，如图 1-1 所示。选择与当前操作系统相对应的版本进行下载。笔者选择下载的文件名是 VSCodeUserSetup-x64-1.91.0.exe。下载完成后，双击安装文件，按照安装向导的提示进行安装即可。

安装完 Visual Studio Code 后，需要再浏览器中打开 https://www.devsense.com/en 链接，在页面上单击"Install"按钮，可自动在 Visual Studio Code 中安装 PHP 扩展，如图 1-2 和图 1-3 所示。PHP 扩展安装完成之后，Visual Studio Code 才能支持 PHP 的代码补全等操作，读者可以自行测试一下。

此处建议读者选用 VS Code 这个免费的集成开发环境来学习和运行本书的示例代码。

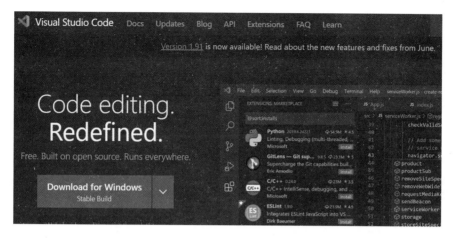

图 1-1

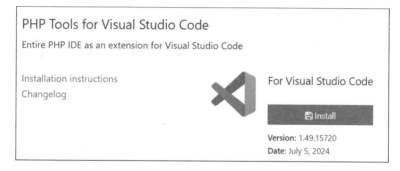

图 1-2

图 1-3

2. PHPStorm的安装

PHPStorm 是一个专为 PHP 开发者设计的集成开发环境，提供了许多针对 PHP 开发的高级功能和工具，如代码自动完成、调试器、版本控制等（注意，PHPStorm 需要收费使用）。

PHPStorm 可以从 JetBrains 官方网站 https://www.jetbrains.com/phpstorm/download 中选择适合读者当前操作系统的版本进行下载，下载完成后，按照安装向导的指示进行安装即可。

PHPStorm 是开箱即用的，无须安装其他插件即可开始开发。

1.5 验证 PHP 开发环境

本节将使用 PHP 内置的 Web 服务器验证 PHP 是否安装成功。那么，为什么我们不需要安装 Nginx 呢？这是因为从 PHP 5.4 版本开始，PHP 引入了一个非常有用的特性——内置的 Web 服务器。这个特性允许开发者在开发或测试阶段，快速地运行和调试PHP应用程序，而无须配置和启动外部 Web 服务器，如 Apache 或 Nginx。

PHP 内置的 Web 服务器是一个简洁、易用的服务器，它可以通过命令行轻松启动。它基于命令行脚本运作，使得在开发环境中模拟 HTTP 请求和响应变得非常方便。该服务器能够处理静态文件和动态 PHP 脚本。当接收到 HTTP 请求时，它会分析请求并将其转发给相应的 PHP 脚本进行进一步处理。此外，它还支持 URL 重写和路由功能，可以根据不同的 URL 路径来分配请求。

然而，需要注意的是，PHP 内置的 Web 服务器仅适用于开发和测试环境。它并不适合用于生产环境，因为它缺乏专业、成熟的 Web 服务器所提供的全面功能和优秀性能。因此，在将应用程序部署到生产环境时，我们仍然建议使用成熟的 Web 服务器，如 Apache 或 Nginx，来提供更强大的功能和性能。

【示例 1-1】在当前用户的根目录下新建 phpinfo.php 文件，命令如下：

```
<?php
phpinfo();
```

打开终端，在该目录执行以下命令开启 PHP 内置 Web 服务器，命令如下：

```
php -S localhost:8080 -t .
```

- -S: 表示Web服务器监听地址，localhost表示本地服务器，8080表示服务器端口。
- -t: 表示Web应用根目录，"."表示当前目录。

PHP 内置 Web 服务器启动的效果如图 1-4 所示，注意在图下方的终端窗口中，显示了服务器启动的提示信息。

如果 Web 服务器监听失败，一般情况下是因为端口被占用导致，此时使用其他端口重新执行命令即可。

使用浏览器访问 http://localhost:8080/phpinfo.php 可以看到 phpinfo 相关信息，如图 1-5 所示。

图 1-4

PHP Version 8.0.29	
System	Windows NT WORKSTATION 10.0 build 22631 (Windows 10) i586
Build Date	Jun 7 2023 21:18:50
Build System	Microsoft Windows Server 2019 Datacenter [10.0.17763]
Compiler	Visual C++ 2019
Architecture	x86
Configure Command	cscript /nologo /e:jscript configure.js "--enable-snapshot-build" "--enable-debug-pack" "--with-pdo-oci=..\..\..\..\instantclient\sdk,shared" "--with-oci8-19=..\..\..\..\instantclient\sdk,shared" "--enable-object-out-dir=../obj/" "--enable-com-dotnet=shared" "--without-analyzer" "--with-pgo"
Server API	Built-in HTTP server
Virtual Directory Support	enabled
Configuration File (php.ini) Path	*no value*
Loaded Configuration File	(none)
Scan this dir for additional .ini files	(none)
Additional .ini files parsed	(none)

图 1-5

恭喜你！已经成功搭建 PHP 8 开发环境，接下来我们将正式进入 ThinkPHP 8 的学习！

1.6　安装 ThinkPHP 开发环境

　　ThinkPHP 官方网站给出了 ThinkPHP 的安装方法，网址为 https://doc.thinkphp.cn/v8_0/setup.html。本节将结合官方文档讲解相关安装步骤。

1. 安装composer

在 Windows 系统中安装 composer，打开下载网址 https://getcomposer.org/Composer-Setup.exe，选择需要下载的文件 Composer-Setup.exe，下载完成后，在当前用户根目录下执行，之后会打开安装向导，读者可按照向导提示一步一步进行操作即可，最后将生成 3 个文件，结果如图 1-6 所示。

图 1-6

现在将 composer 目录加入环境变量 Path 中，以方便在任何目录下执行 composer.bat 命令。
Linux 和 macOS 系统可以执行以下命令安装 composer：

```
# 下载安装脚本
wget https://getcomposer.org/installer
# 执行安装器
php installer
# 将 composer 移动到 PATH 中包含的路径
sudo mv composer.phar /usr/local/bin
# 查询 composer 版本
composer -v
```

下面是笔者的输出：

```
Composer version 2.7.7 2024-06-10 22:11:12
PHP version 8.3.7 (/opt/homebrew/Cellar/php/8.3.7/bin/php)
Run the "diagnose" command to get more detailed diagnostics output.
```

2. 安装稳定版ThinkPHP

如果读者是第一次安装，需要打开命令行窗口，切换到当前用户的根目录（比如，笔者的当前用户根目录为 C:\Users\xiayu）下，并执行下面的命令：

```
composer config -g repo.packagist composer https://mirrors.aliyun.com/composer
composer create-project topthink/think tp
```

上述命令中第 1 个命令把安装源修改为国内的阿里云源。第 2 个命令中的 tp 是当前目录下自定义的目录名，也是项目名。执行此命令，将下载 ThinkPHP 框架代码，局部截图如图 1-7 所示。最终在当前用户根目录下，成功下载 ThinkPHP，如图 1-8 所示，读者可以到目录中查看具体信息。

```
PS C:\Users\xiayu> composer create-project topthink/think tp
Creating a "topthink/think" project at "./tp"
Installing topthink/think (v8.0.0)
  - Installing topthink/think (v8.0.0): Extracting archive
Created project in C:\Users\xiayu\tp
Loading composer repositories with package information
Updating dependencies
Lock file operations: 13 installs, 0 updates, 0 removals
  - Locking league/flysystem (2.5.0)
  - Locking league/mime-type-detection (1.15.0)
  - Locking psr/container (2.0.2)
  - Locking psr/http-message (1.1)
  - Locking psr/log (3.0.0)
  - Locking psr/simple-cache (3.0.0)
  - Locking symfony/polyfill-mbstring (v1.29.0)
  - Locking symfony/var-dumper (v6.0.19)
  - Locking topthink/framework (v8.0.3)
  - Locking topthink/think-filesystem (v2.0.2)
  - Locking topthink/think-helper (v3.1.6)
  - Locking topthink/think-orm (v3.0.14)
  - Locking topthink/think-trace (v1.6)
Writing lock file
Installing dependencies from lock file (including require-dev)
```

图 1-7

名称	修改日期	类型	大小
app	2024-07-09 11:54	文件夹	
config	2024-07-09 11:54	文件夹	
extend	2024-07-09 11:54	文件夹	
public	2024-07-09 11:54	文件夹	
route	2024-07-09 11:54	文件夹	
runtime	2024-07-09 11:54	文件夹	
vendor	2024-07-09 11:54	文件夹	
view	2024-07-09 11:54	文件夹	
.example.env	2023-06-30 6:44	ENV 文件	1 KB
.gitignore	2023-06-30 6:44	Git Ignore 源文件	1 KB
.travis.yml	2023-06-30 6:44	Yaml 源文件	2 KB
composer.json	2023-06-30 6:44	JSON 文件	2 KB
composer.lock	2024-07-09 11:54	LOCK 文件	31 KB
LICENSE.txt	2023-06-30 6:44	Text Document	2 KB
README.md	2023-06-30 6:44	MD 文件	3 KB
think	2023-06-30 6:44	文件	1 KB

图 1-8

3. 验证ThinkPHP能否正确运行

上一步搭建好了 tp 项目，需要记住这个项目名。接下来，验证 ThinkPHP 能否正确运行。进入命令行窗口，在 tp 项目目录下执行下面命令，运行 Web 服务器：

```
php think run
```

命令执行结果如图 1-9 所示。

```
PS C:\Users\xiayu> cd tp
PS C:\Users\xiayu\tp> php think run
ThinkPHP Development server is started On <http://0.0.0.0:8000/>
You can exit with `CTRL-C`
Document root is: C:\Users\xiayu\tp\public
[Tue Jul  9 12:02:30 2024] PHP 8.0.29 Development Server (http://0.0.0.0:8000) started
```

图 1-9

我们在浏览器中输入地址 http://localhost:8000/，将会看到欢迎页面，如图 1-10 所示，说明 ThinkPHP 可以正确运行了。

图 1-10

4. 运行本书配套的示例源码

本书大部分章节都提供配套的示例源码，按照其中的文件名编写代码后，执行 php think run 启动服务器，再使用浏览器访问相应的 URL，就能看到结果（第 2 章是纯 PHP 的特性介绍，不包含 ThinkPHP 框架的功能，也可以在命令行窗口直接使用 php -S localhost:8000 命令启动服务器）。

接下来展示一下本书示例代码的运行方法。比如，下面将给出一个路由示例，其代码文件放在上面搭建的 tp 项目下的相应目录中，读者暂时不管代码起什么作用，按提示编辑好代码文件即可。

【示例 1-2】

编辑 route/app.php，代码如下：

```php
<?php
use think\facade\Route;

Route::get('news/:id','News/show');
```

新建 app/controller/News.php，代码如下：

```php
<?php
namespace app\controller;
```

```
class News
{
    public function show($id)
    {
        return '显示'.$id.'新闻详情';
    }
}
```

执行 php think run 命令运行服务器后，用浏览器访问 http://localhost:8000/news/10，结果如下：

显示 10 新闻详情

这样就成功执行了示例代码。读者在后续学习每一章时，都可以重新创建一个新项目，项目名可以自定义，比如学习第 4 章时，我们可以定义一个新项目，名为 ch04，再执行命令 composer create-project topthink/think ch04 创建这个项目，这样第 4 章的所有示例代码都可以在 ch04 这个项目目录下运行了。记住这种自定义的目录（项目），也是我们后面会经常提到的应用根目录。

> 注意　使用 Visual Studio Code 编辑项目文件，只要通过菜单项"文件"→"打开文件夹…"，打开项目文件夹（比如上面介绍的 ch04），即可建立本项目编辑开发环境。

第 2 章

PHP 8 新特性及其示例

第 1 章中介绍了 PHP 8 的新特性，本章对这些新特性进行具体的讲解（本章示例代码的运行环境，参见 1.6 节最后的讲解）。

在本章中，我们将介绍以下主要内容：

- 命名参数
- 注解
- match表达式
- nullsafe运算符
- JIT编译器

2.1 命名参数

命名参数是 PHP 8 带来的一个革命性特性，它极大地提升了函数和方法的参数传递灵活性和代码的可读性。在以往的 PHP 版本中，函数调用时参数的传递必须按照预定的位置顺序进行，而命名参数允许开发者根据参数的名称来指定值，从而摆脱了对参数顺序的依赖。

使用命名参数，我们可以在调用函数时明确指出每个参数的名称，并赋予相应的值。这种方式的优点在于，我们可以轻松地跳过那些非必需的参数，只为我们关心的参数提供值，无须为了满足参数顺序而填充不必要的占位符。这对于那些拥有众多可选参数的函数来说特别有用，它使得代码更加清晰和易于理解。

命名参数的另一个显著优势是提高了函数调用的可读性。通过显式地指定参数名称，代码的意图变得更加明确，这使得其他开发者（或未来的你）更容易阅读和维护代码。此外，由于不再需要关注参数的顺序，因此也降低了因参数位置错误而导致 Bug 的风险。

总的来说，命名参数是 PHP 8 中一个强大的语言特性，它不仅让代码更加整洁，也提高了开发效率和代码质量。

2.1.1　语法

使用命名参数非常简单。只需在调用一个函数或方法时，使用"参数名:值"的方式进行传参。例如下面计算两数之和的示例。

【示例 2-1】

```php
<?php
function sum($a, $b): int
{
    return $a + $b;
}

echo sum(a: 1, b: 2);
```

将以上代码保存在任意目录中，比如笔者保存在 C:\Users\xialei\PhpProjects\ch02\2-1.php 中，在该目录中执行 php -S localhost:8000 启动 Web 服务器，输出代码如下：

```
[Wed Jul 10 09:45:53 2024] PHP 8.3.7 Development Server (http://localhost:8000)
started
```

接下来打开浏览器访问 http://localhost:8000/2-1.php，结果如下：

```
3
```

> **注意**　本节的示例代码都可以使用上面的方法运行，需要说明的是，前面章节中执行的 php think run 是启动 ThinkPHP 项目的 Web 服务器，需要 ThinkPHP 框架才能运行，本示例中执行的 php -S localhost:8000 是启动普通的 PHP 项目 Web 服务器，只能直接运行普通 PHP 文件。

下面来看一下命名参数语法的优点和缺点。

2.1.2　命名参数的优点

命名参数的优点包括允许跳过默认值和参数顺序无关性。

1. 允许跳过默认值

在基于参数位置的传参方式时，即使只需要传递某个位置的值，也必须为前面的默认值传递参数，比如下面的示例。

【示例 2-2】

```php
<?php
echo htmlspecialchars("<p>Hello World!</p>", ENT_COMPAT | ENT_HTML401,
ini_get('default_charset'), false);
```

运行结果如下（注意，本书后面所有示例代码的运行，均需要启动 PHP 内置的 Web 服务器，结果均通过浏览器显示出来）：

```
<p>Hello World!</p>
```

在这个示例中，为了设置最后的 double_encode 参数，我们必须把 flag 和 encoding 参数设置为默认值，这样会造成代码冗余，还有带来潜在 bug 的风险（如果 PHP 在后续版本更改了 flag 和 encoding 的默认值，上述代码可能无法正常工作，当然 PHP 内置函数一般不会更改默认行为。但是如果我们使用的是第三方库的话就可能会存在这个问题）。

而有了命名参数之后，我们只需要传递关注的参数，提高了代码可读性，也不会影响 PHP 默认值，使用命名参数的示例如下所示。

【示例 2-3】

```php
<?php
echo htmlspecialchars("<p>Hello World!</p>", double_encode: false);
```

结果如下：

```
<p>Hello World!</p>
```

2. 参数顺序无关性

在函数或方法调用中，我们可以根据参数的名称来传递值，而不必担心参数的顺序。这使得函数调用更加灵活，可以跳过可选参数或按照自己的需求传递参数，而不需要依赖于参数在定义时的顺序。

【示例 2-4】

```php
<?php
function addNumbers($a, $b) {
    return $a + $b;
}

// 使用命名参数调用 addNumbers() 函数
$result = addNumbers(b: 2, a: 3);
echo $result; // 输出: 5
```

输出结果如下：

```
5
```

在上面的示例中，我们使用命名参数将值传递给 addNumbers() 函数。参数 a 和 b 的顺序并不重要，因为我们明确指定了它们的名称。因此，addNumbers(b: 2, a: 3) 和 addNumbers(a: 3, b: 2) 将得到相同的结果，即 5。

2.1.3　命名参数的缺点

命名参数的缺点是，当我们修改参数名时会破坏兼容性，将导致代码无法正常工作。

假设有一个 calculateArea() 函数用于计算矩形的面积，接受两个参数 width 和 height，并返回它们的乘积。

【示例 2-5】

```php
<?php
```

```php
function calculateArea($width, $height) {
    return $width * $height;
}

// 调用 calculateArea() 函数
$result = calculateArea(width: 5, height: 10);
echo $result; // 输出: 50
```

输出结果如下:

```
50
```

现在，假设我们决定重构参数名 width 为 w，以更符合代码规范或更具描述性。

【示例 2-6】

```php
<?php
function calculateArea($w, $height) {
    return $w * $height;
}

// 调用 calculateArea() 函数（修改后的版本）
$result = calculateArea(w: 5, height: 10);
echo $result; // 输出: 50（仍然正常工作）
```

输出结果如下:

```
50
```

在上述示例中，我们修改了 calculateArea()函数的参数名 width 为 w。由于我们使用了命名参数，在调用函数时明确指定了参数名称，所以即使参数名发生了变化，代码仍然可以正常工作。

然而，这也意味着如果其他地方的代码也在调用 calculateArea()函数并使用了旧的参数名 width，那么这些代码将会因为参数名的变化而无法正常工作。

【示例 2-7】

```php
<?php
function calculateArea($w, $height) {
    return $w * $height;
}

// 调用 calculateArea() 函数（使用旧的参数名）
$result = calculateArea(width: 5, height: 10);
// 由于参数名已经修改，上述代码将会引发错误或产生意外结果
```

输出结果如下:

```
Fatal error: Uncaught Error: Unknown named parameter $width in
/Users/xialei/PhpstormProjects/php8-tutorial/2-7.php:7 Stack trace: #0 {main}
thrown in /Users/xialei/PhpstormProjects/php8-tutorial/2-7.php on line 7
```

为了避免这种问题，当在修改函数的参数名时，需要仔细考虑并确保及时更新所有调用该函数的地方，以保持代码的一致性。

2.1.4 小结

通过使用命名参数，我们可以根据参数的名称来传递值，提升代码可读性以及编程体验。然而，在进行代码重构时，需要特别关注命名参数的重构，避免修改参数名时导致一些潜在问题，虽然该问题可以通过单元测试提供一定程度的保障，但更为重要的是需要仔细思考适合用命名参数的业务场景。

2.2 注解

注解是在 PHP 8 中引入的另一个强大特性，它为我们提供了一种在函数、方法和类中添加元数据的方式。通过注解，我们可以使用特定的语法来标记代码的某些部分，以提供额外的信息和上下文。这为我们的代码带来了更高的可读性、可维护性和扩展性。

注解的使用方式非常灵活，我们可以在函数、方法和类的声明之前使用#[]格式来定义注解。这些注解可以包含各种信息，比如参数类型、返回值类型、异常处理、作者信息等。注解可以帮助我们更好地理解代码的意图，以及如何正确地使用这些代码。

通过使用注解，我们可以在代码中添加更多的上下文和文档信息，使得代码更加自解释和易于理解。这对于团队合作和代码维护非常有帮助，因为它们可以提供一致的规范和约定，帮助开发人员更好地理解和使用代码库。

除了提供更多的上下文信息，注解还可以与其他工具和框架集成，进一步增强代码的功能和灵活性。例如，一些测试框架可以使用注解来标记测试用例，自动化文档生成工具可以使用注解来生成 API 文档，依赖注入容器可以使用注解来自动解析和注入依赖等。注解的使用可以大大简化我们的开发过程，提高代码的质量和效率。

2.2.1 模拟"注解"

在 PHP 8 之前，虽然没有原生的注解功能，但我们可以通过使用文档注释（docComment）来模拟一些注解的功能。文档注释是一种特殊的注释格式，可以在函数、方法和类的声明之前使用，以提供关于代码的额外信息和上下文。

文档注释通常以"/**"开始，以"*/"结束，位于被注释元素的前面。在文档注释中，我们可以使用特定的标签来描述代码的不同方面，比如参数类型、返回值类型、异常处理、作者信息等。这些标签可以提供一些元数据，帮助开发人员理解和使用代码。

虽然文档注释并不直接影响代码的执行，但它们可以被一些特定的工具和框架解析所利用。例如，一些文档生成工具可以读取文档注释，并生成代码的 API 文档。一些静态分析工具可以分析文档注释，提供代码的静态检查和类型提示。一些测试框架可以使用文档注释来标记测试用例。

下面是一个使用文档注释模拟注解功能的示例。

【示例 2-8】

```php
<?php
// 定义函数
```

```
/**
 * @Author Xia Lei
 * @Description 计算两个数字之和
 */
function add($num1, $num2) {
    return $num1 + $num2;
}

// 使用反射获取函数的信息
$reflectionFunction = new ReflectionFunction('add');

// 获取文档注释
$docComment = $reflectionFunction->getDocComment();

// 解析文档注释中的作者信息和描述信息
$author = '';
$description = '';
$lines = explode("\n", $docComment);
foreach ($lines as $line) {
    if (strpos($line, '@Author') !== false) {
        $author = trim(str_replace(['*', '@Author'], '', $line));
    } elseif (strpos($line, '@Description') !== false) {
        $description = trim(str_replace(['*', '@Description'], '', $line));
    }
}

// 输出作者信息和描述信息
echo 'Author: ' . $author . "\n";
echo 'Description: ' . $description . "\n";
```

输出结果如下：

```
Author: Xia Lei
Description: 计算两个数字之和
```

在上面的示例中，我们使用@Author 标签指定了函数的作者信息，使用@Description 标签提供了函数的描述信息。通过反射读取注释得到了注解值。虽然文档注释可以模拟一些注解的功能，但它们也有一些限制。首先，文档注释只是作为注释存在，不会直接影响代码的行为；其次，文档注释的解析和利用需要依赖额外的工具和框架支持。因此，它们的功能和灵活性相对有限。

2.2.2　语法

注解语法包含几个关键部分。首先，注解声明总是以"#["开头，以"]"结尾。注解内容包含一个或多个以逗号分隔的注解。其次，注解的名称可以是非限定、限定、完全限定的名称。然后，注解的参数是可选的，如果存在，则必须使用圆括号"()"包围，其参数可以是字面量或常量表达式。它同时接受位置参数和命名参数两种语法。

通过反射 API 请求注解实例时，注解的名称会被解析到一个类，注解的参数则传入该类的构造器中。因此每个注解都需要引入一个注解类。注解类本身需要使用 Attribute 进行标识。

1．基本使用

下面介绍使用 PHP 8 注解的示例代码，其中定义了 Author 和 Description 注解类，以获取函数的@Author 和@Description 注解信息：

【示例 2-9】

```php
<?php

#[Attribute]
class Author
{
    public string $name;

    public function __construct(string $name)
    {
        $this->name = $name;
    }
}

#[Attribute]
class Description
{
    public string $content;

    public function __construct(string $content)
    {
        $this->content = $content;
    }
}

#[Author("Xia Lei")]
#[Description("计算两数之和")]
function add(int $num1, int $num2): int
{
    return $num1 + $num2;
}

// 使用反射获取函数的信息
$reflection = new ReflectionFunction('add');
$author = $reflection->getAttributes(Author::class)[0]->newInstance()->name;
$description =
$reflection->getAttributes(Description::class)[0]->newInstance()->content;

// 输出作者名和描述信息
echo 'Author: ' . $author . "\n";
echo 'Description: ' . $description . "\n";
```

输出结果如下：

```
Author: Xia Lei
Description: 计算两个数字之和
```

2. 多个注解

可以通过给 Attribute 注解传递 Attribute::IS_REPEATABLE 标志来允许重复运用注解。下面介绍使用多个 Author 注解的示例。

【示例 2-10】

```php
<?php
#[Attribute(Attribute::IS_REPEATABLE | Attribute::TARGET_ALL)]
class Author
{
    public string $name;

    public function __construct(string $name)
    {
        $this->name = $name;
    }
}


#[Author("Xia Lei")]
#[Author("Zhang San")]
function add(int $num1, int $num2): int
{
    return $num1 + $num2;
}


// 使用反射获取函数的信息
$reflection = new ReflectionFunction('add');
$authors = $reflection->getAttributes(Author::class);

foreach ($authors as $author) {
    echo $author->newInstance()->name . PHP_EOL;
}
```

输出结果如下:

```
Xia Lei
Zhang San
```

2.2.3　高级应用

基于 PHP 8 的注解特性, 我们可以高效地实现一些此前用注释模拟的注解功能。

1. RBAC（基于角色的访问控制）

RBAC 是一种常见的访问控制模型, 其中权限与角色相关联, 当用户被授予角色时, 即可获得相应的权限。在 PHP 8 中, 可以使用注解来标记需要进行权限验证的方法或类, 并通过自定义的注解处理器来检查当前用户是否具有执行该操作的权限。

下面介绍的是在函数中使用注解拦截调用的示例。

【示例 2-11】

```php
<?php

#[Attribute(Attribute::TARGET_METHOD | Attribute::TARGET_FUNCTION)]
class RequirePermission
{
    public string $name;

    public function __construct(string $name)
    {
        $this->name = $name;
    }
}

/**
 * 添加用户
 */
#[RequirePermission('create')]
function createUser(string $name): void
{
    echo "Creating user $name\n";
}

/**
 * 查看用户
 */
function viewUser(string $name): void
{
    echo "Viewing user $name\n";
}

/**
 * 执行函数
 * @throws Exception
 */
function execute(array $permissions, string $functionName, array $args): void
{
    $reflection = new ReflectionFunction($functionName);
    // 方法需要的权限列表
    $attributes = $reflection->getAttributes(RequirePermission::class);

    foreach ($attributes as $attribute) {
        $permission = $attribute->newInstance();
        if (!in_array($permission->name, $permissions)) {
            throw new Exception("Permission $permission->name required");
        }
    }
```

```
        call_user_func_array($functionName, $args);
}

// case1: 允许创建和查看
$permissions = ['create'];
try {
    execute($permissions, 'viewUser', ['Xia Lei']);
    execute($permissions, 'createUser', ['Xia Lei']);
} catch (Exception $e) {
    echo $e->getMessage();
}

// case2: 只允许查看
$permissions = [];
try {
    execute($permissions, 'viewUser', ['Xia Lei']);
    execute($permissions, 'createUser', ['Xia Lei']);
} catch (Exception $e) {
    echo $e->getMessage();
}
```

输出结果如下：

```
Viewing user Xia Lei
Creating user Xia Lei
Viewing user Xia Lei
Permission create required
```

2. API路由和文档生成

注解可以用于定义 API 路由和生成 API 文档。可以使用注解来标记控制器方法或类，并通过自定义的注解解析器来提取路由信息，以便构建动态路由表。同时，注解可以包含其他元数据，如请求方法、路径参数等，以及用于生成 API 文档的描述信息，示例如下：

【示例 2-12】

```php
<?php
#[Route('/users/{id}', methods: ['GET'])]
#[Description('Get user by ID')]
function getUser($id) {
    // 获取用户的逻辑
}

// 在注解解析器中提取路由信息并建立路由表
// ...
```

3. 表单验证

注解可以用于定义表单验证规则，简化表单数据的验证过程。可以使用注解来标记表单实体类的属性，并定义各种验证规则，如必填字段、最大长度、数字范围等。下面介绍使用自定义的表单验证器来解析注解并执行相应的验证逻辑，示例如下：

【示例 2-13】

```php
<?php
class UserForm {
    #[Required]
    #[MaxLength(50)]
    public string $name;

    #[Required]
    #[Email]
    public string $email;

    #[Range(18, 99)]
    public int $age;
}

// 在表单验证器中解析注解并执行验证逻辑
// ...
```

通过自定义的注解处理器、注解解析器和验证器，可以根据具体需求扩展和定制注解功能，用于满足不同的应用场景。

2.2.4　小结

PHP 8 的注解功能提供了一种在代码中添加元数据和附加信息的方法。通过使用注解功能，可以实现各种高级应用，如权限控制、路由定义、表单验证等。注解可以通过反射 API 获取，并通过自定义的注解处理器或注解解析器进行处理。这种方式可以提高代码的可读性、可维护性和灵活性，为开发人员带来更好的开发体验。

2.3　match 表达式

match 表达式作为一种强大的模式匹配工具，为开发者提供了一种简洁、灵活的方式用来处理各种条件分支。传统的 switch 语句在处理多个条件分支时可能显得笨重烦琐，而 match 表达式则以其简洁而强大的语法帮助我们摆脱这一束缚。通过使用 match 表达式，我们可以轻松地对一个值进行多重模式匹配，并根据匹配结果执行相应的代码块。无论是简单的相等比较，还是复杂的类型检查，match 表达式都能胜任。

需要注意的是，match 表达式和 switch 语句类似，都有一个表达式主体，可以和多个可选项进行比较。与 switch 不同的是，它会像三元表达式一样求值。与 switch 的另一个不同点是，它的比较是严格比较（===）而不是宽松比较（==）。

- ===：严格比较符，表示类型和值都要相等，比如0===null的值是false。
- ==：宽松比较符，表示只要求值相等，比如0==null的值是true。

2.3.1　语法

match 表达式的语法如下：

```
$return_value = match (求值对象) {
    单个条件表达式 => 返回值,
    表达式1, 表达式2 => 返回值,
};
```

下面是一个使用 match 表达式的示例。

【示例 2-14】

```
<?php
$food = 'cake';

$return_value = match ($food) {
    'apple' => 'This food is an apple',
    'bar' => 'This food is a bar',
    'cake' => 'This food is a cake',
};
echo $return_value;
```

输出结果如下：

```
This food is a cake
```

match 表达式与 switch 语法的区别如下：

- match表达式使用严格比较（===），switch语句使用宽松比较（==）。
- match是表达式，返回一个值，而switch是语句，语句不能返回值。
- match是表达式，因此必须以分号结尾，而switch语句不要求以分号结尾。
- match表达式不会自动执行下一个case，而switch语句默认执行下一个case，需要使用break关键字来避免该行为。
- match表达式必须列举所有情况，switch语句则无此要求。

2.3.2　示例

1. 不匹配的case

下面示例由于存在不匹配的 case，因此 match 表达式会抛出 Error 错误。

【示例 2-15】

```
<?php
$food = 'cake1';

$return_value = match ($food) {
    'cake' => 'This food is a cake',
};
echo $return_value;
```

输出结果如下：

```
Fatal error: Uncaught UnhandledMatchError: Unhandled match case 'cake1' in
index.php:5
Stack trace: #0 {main} thrown in index.php on line 5
```

针对错误结果，可以使用 default 分支来进行修复。

【示例 2-16】

```php
<?php
$food = 'cake1';

$return_value = match ($food) {
    'cake' => 'This food is a cake',
    default => 'not match'
};
echo $return_value;
```

输出结果如下：

```
not match
```

> 注意 多个 default 分支也会导致错误。

2. case执行顺序

match 表达式和 switch 语句类似，可以逐个检测匹配分支。在一开始时不会执行代码，只有在所有之前的条件不匹配主体表达式时，才会执行剩下的条件表达式。

```php
<?php
$result = match ($x) {
    method1() => ...,
    method2() => ..., // 如果 method1() === $x，不会执行 method2()
    $value => hello(), // 只有 $x === $value 时，才会执行 hello()
    // 其他 case
};
```

3. 多个分支表达式

match 表达式分支可以通过使用逗号分隔，分隔后可以包含多个表达式，其中只要有 1 个表达式匹配，就会执行右侧代码：

```php
<?php
$result = match ($x) {
    // 匹配分支
    $a, $b, $c => 5,
    // 等同于以下三个分支
    $a => 5,
    $b => 5,
    $c => 5,
};
```

4. 优雅的条件判断

由于 match 是表达式，可以返回值，因此可以优雅地实现一些之前由 if 实现的功能。

【示例 2-17】

```php
<?php
$score = 75;
$status = match (true) {
    $score >= 90 => '优秀',
    $score >= 70 => '良好',
    $score >= 60 => '及格',
    default => '不及格',
};

echo $status;
```

输出结果如下：

良好

2.3.3　小结

　　相对于传统的 switch 语句，match 表达式在处理条件分支时具有明显的优势。首先，它的语法更加简洁明了，使用 match 关键字并将待匹配的值作为主项表达式，然后根据模式匹配执行相应的代码块。相比之下，switch 语句需要使用 case 和 break 语句，语法上较为烦琐。

　　除了简洁性，match 表达式还提供了更灵活的模式匹配功能。它可以处理更复杂的条件，包括类型匹配、比较运算和自定义模式等。这使得开发者能够更精确地匹配和处理不同的情况，使代码更加清晰和可读。

2.4　nullsafe 运算符

　　在当今的软件开发中，处理变量为空的情况一直是一个普遍存在的挑战。在过去的 PHP 版本中，我们通常需要通过一系列的条件语句和空值判断来确保代码的健壮性和安全性。然而，随着 PHP 8 的到来，nullsafe 运算符为该问题提供了解决方案。

　　nullsafe 运算符是 PHP 8 引入的一项重要功能，它的目的是简化代码中对空值的处理。使用 nullsafe 运算符，我们可以优雅地处理可能为空的对象，而无须烦琐的条件判断和链式调用。

2.4.1　语法

　　nullsafe 运算符的使用非常简单。当我们想要调用一个对象的方法或访问其属性时，只需在对象名之前加上 "?->" 即可。如果对象为空，nullsafe 运算符会立即返回 null，而不会引发错误或异常。

　　下面是一个 PHP 8 之前进行链式取值的示例。

【示例 2-18】

```php
<?php
$country = null;

if ($session !== null) {
    $user = $session->user;

    if ($user !== null) {
        $address = $user->getAddress();

        if ($address !== null) {
            $country = $address->country;
        }
    }
}
```

为了获取用户所属的国家，我们需要使用 3 个 if 语句才能够实现，而使用 PHP 8 的 nullsafe 运算符实现相同的功能仅需一行代码：

```php
$country = $session?->user?->getAddress()?->country;
```

下面是一个直接使用"->"运算符导致异常的示例。

【示例 2-19】

```php
<?php
$user = null;
var_dump($user->address->city);
```

输出结果如下：

```
Warning: Attempt to read property "address" on null in index.php on line 4
Warning: Attempt to read property "city" on null in index.php on line 4
NULL
```

需要注意的是"?->"只能运用于对象，应用于数组则会报错：

【示例 2-20】

```php
<?php
$user = [];

var_dump($user?->zhangsan?->address?->city);
```

输出结果如下：

```
Warning: Attempt to read property "zhangsan" on array in index.php on line 4
NULL
```

将示例 2-20 修改为示例 2-21，则会输出 NULL，不会报错。

【示例 2-21】

```php
<?php
```

```
$user = [
    'zhangsan' => null
];

var_dump($user['zhangsan']?->address?->city);
```

输出结果如下：

```
NULL
```

2.4.2　null 合并运算符

PHP 中的 null 合并运算符（null coalescing operator）是一项在 PHP 7 中引入的特性，它提供了一种简洁的方式来处理变量为空的情况。

在过去，我们需要使用条件判断来检查变量是否为 null，并在变量为空时提供一个默认值。例如：

```
$value = isset($variable) ? $variable : $default;
```

然而，这种写法显得冗长且不够直观。为了简化这种情况下的代码，PHP 引入了 null 合并运算符"??"。

使用 null 合并运算符可以通过一行简洁的代码实现相同的功能：

```
$value = $variable ?? $default;
```

null 合并运算符的作用是检查变量是否为 null。如果变量不为 null，则返回变量的值；如果变量为 null，则返回指定的默认值。

此外，null 合并运算符还支持链式操作。我们可以在连续的变量中使用多个 null 合并运算符，以便逐个检查它们是否为 null，并返回第一个非 null 的值。

```
$result = $value1 ?? $value2 ?? $value3 ?? $default;
```

2.4.3　nullsafe 运算符和 null 合并运算符区别

nullsafe 运算符和 null 合并运算符是两种在 PHP 中处理空值的不同特性，它们的功能和适用场景不同。

1. 功能不同

- nullsafe 运算符（?->）用于处理可能为空的对象的方法调用和属性访问。它允许我们通过在对象名之前添加"?->"来安全地调用方法或访问属性，如果对象为空，将立即返回 null，因此不会引发错误或异常。
- null 合并运算符（??）用于处理变量为空的情况。如果变量不为 null，则返回变量的值；如果变量为 null，则返回指定的默认值。

2. 适用场景不同

- nullsafe 运算符：主要用于处理对象。它用于确保在对象连续调用或属性访问的过程中，每一个对象都存在且不为空。

● null合并运算符：适用于任何类型的变量，包括对象、数组和其他数据类型。

2.4.4 小结

使用 nullsafe 运算符可以编写更加简洁、可读和易维护的代码。它提供了一种优雅而高效的方式来处理复杂的对象关系和嵌套的属性访问。无论是在大型应用程序中还是在小型脚本中，nullsafe 运算符都能够显著提升代码的可靠性和开发效率。

2.5 JIT 编译器

PHP 是一种广泛使用的脚本语言，被用于构建各种规模的 Web 应用程序。然而，由于其解释执行的本质，PHP 在处理大量计算密集型任务时可能会遇到性能瓶颈。为了解决这个问题，PHP 8 引入了一个令人激动的新特性——JIT（即时编译）编译器。

JIT（Just-In-Time）编译器是一种在运行时将解释的代码转换为机器码的技术。这种转换可以显著提高代码的执行速度，使得 PHP 在处理复杂算法和大数据集时表现更出色。本节将深入探索 PHP 8 的 JIT 编译器，了解其工作原理、优势和使用技巧。

2.5.1 PHP 中 JIT 编译器的特性

PHP 中 JIT 编译器的特性包括解释执行、直接执行、解释执行过程和 Opcache。

1. 解释执行

在解释执行中，代码是逐行解释并执行的。解释器读取源代码的任意行，同时分析该行的含义，并立即执行相应的操作。解释器将代码逐行翻译为机器指令并执行，不进行额外的编译步骤。每次执行代码时，都需要进行解释和执行的过程。

解释执行的优点是灵活性高，因为它可以根据具体环境和条件进行动态调整。它还支持动态特性，如动态类型和运行时代码修改。然而，解释执行的效率通常较低，因为它需要在执行过程中对代码进行解释和翻译，导致执行速度相对较慢。

2. 直接执行

在直接执行中，代码在执行之前会被编译成机器码（或类似的低级形式）。编译过程将源代码转换为一系列机器指令，这些指令可以直接在硬件上执行。直接执行通常是通过编译器完成的，这样可以将代码转换为与特定硬件架构相关的机器指令。

直接执行的优点是执行速度快，因为代码已经被预先编译成机器码了，因此不需要在执行时进行解释和翻译。它还可以进行各种优化，如静态类型检查和编译器优化。然而，直接执行通常缺乏灵活性，因为编译过程发生在执行之前，无法根据具体环境和条件进行动态调整。

3. 解释执行过程

下面介绍一下传统的 PHP 代码解释执行的过程：

（1）词法分析（Lexical Analysis）：PHP 解释器首先会将源代码分解为一个一个的词法单元（tokens）。词法单元可以是关键字、标识符、运算符、常量等。

（2）语法分析（Syntax Analysis）：在这个阶段，PHP 解释器将词法单元组合成语法结构，形成抽象语法树（Abstract Syntax Tree，AST）。抽象语法树表示了源代码的结构和语义。

（3）语义分析（Semantic Analysis）：在这一阶段，PHP 解释器会检查代码的语义正确性，包括变量和函数的声明、类型检查、作用域等。它还会解析命名空间、类、接口和其他语言特性。

（4）字节码生成（Bytecode Generation）：在这个阶段，PHP 解释器将抽象语法树转换为中间表示形式，即字节码。字节码是一种类似于机器码但不直接在硬件上执行的低级代码。

（5）执行：PHP 解释器按照顺序逐条执行字节码指令。这是解释器的核心阶段，其中包括变量赋值、函数调用、条件判断、循环等操作。解释器会根据指令的操作码和操作数执行相应的操作。

需要注意的是，PHP 在解释执行过程中是逐行解释的，即每次只执行一行代码。这与编译型语言不同，编译型语言在程序执行前会将源代码编译成机器码，然后直接在硬件上执行。

4. Opcache

Opcache 是 PHP 的一个扩展，旨在提高 PHP 脚本的性能。它通过缓存编译后的字节码，避免在每次脚本执行时重复进行词法分析、语法分析和字节码生成的过程。

启用 Opacache 扩展后 PHP 的执行流程如下：

（1）检查是否有可用的字节码缓存，如果没有，则需要先生成字节码，步骤为：词法分析→语法分析→语义分析→字节码生成。

（2）PHP 解释器执行缓存好的字节码。

2.5.2　PHP 中的 JIT 编译器

虽然启用 Opcache 能够避免每次请求时都重新生成字节码，但字节码仍然需要通过 PHP 解释器来执行，这本质上仍然是解释执行的方式，因此性能上存在一定的限制。然而，引入 JIT（即时编译器）后，频繁执行的热点代码可以被编译成原生机器码，这样 CPU 可以直接执行这些代码，显著提升了执行效率。

PHP 的 JIT 编译器是对 Opcache 的一个补充而非替代品。JIT 编译器在 Opcache 已经缓存好的字节码基础上，结合运行时的信息进行进一步优化，直接将字节码编译为机器码。

PHP 的 JIT 工作原理概述如下：

● 热点代码识别：JIT 通过监控代码的执行情况来识别热点代码。这些热点代码是指在程序运行时频繁被执行的代码片段，比如循环和计算密集型的函数。JIT 技术会根据代码的执行频率和重要性来决定哪些代码应该被编译。

● 即时编译：一旦识别出热点代码，JIT 便会将这些代码片段提取出来，并动态编译成机器码。这些编译后的机器码可以直接在硬件上执行，跳过了逐行解释的过程。

● 缓存与重用：编译后的机器码通常会存储在缓存中，以便后续执行时直接调用，避免了重复编译的过程，从而提升了执行效率。

- 动态优化：JIT 还能应用多种优化技术来增强代码的执行性能。例如，它可以通过内联优化减少函数调用的开销，或者根据变量类型信息进行基于类型的优化，生成更高效的机器码。

在执行脚本时，如果已经有可用的机器码，那么将直接执行这些机器码，无须从 Opcache 获取字节码，也省去了生成字节码的步骤，从而实现了性能的大幅提升。

2.5.3　使用 JIT 编译器

前面的内容提到过，JIT 编译器是构建在 Opcache 基础之上的，因此只需要安装 Opcache 扩展即可通过配置文件启用 JIT。

下面是笔者在 Mac 系统下的 Opcache 配置文件，路径是 /opt/homebrew/etc/php/8.3/conf.d/ext-opcache.ini：

```
zend_extension=opcache.so
opcache.enable=1 # 开启 Opacache
opcache.enable_cli=1 # 通过命令行执行 PHP 脚本时也启用 Opcache
opcache.jit=1255
opcache.jit_buffer_size=64
```

而在 Windows 系统下使用 JIT 也是需要先开启 Opcache，此扩展默认已经包含到 PHP Windows 版本中，只要在 php.ini 中启用这个扩展即可。使用 Opcache 可以自动编译和优化 PHP 脚本，并将它们缓存在内存中，这样就不会在每次加载页面时动态编译 PHP 脚本。在 Windows 系统中，Opcache 需要配置在 php.ini 中，部分配置如下所示：

```
zend_extension=opcache
opcache.enable=1
opcache.enable_cli=0
opcache.jit=1255
opcache.jit_buffer_size=64
```

Windows 系统中有关 Opcache 每个配置项的含义，读者可以参考 PHP 官网的帮助文档。

1. JIT配置

Opcache 的 JIT 配置相对复杂，它接受以下几种类型的值：

- disable：在启动时完全禁用JIT功能，并且在运行时无法启用。
- off：禁用，但是可以在运行时启用JIT。
- on：启用tracing模式。
- tracing：启用跟踪模式，并允许进行细化配置，使用4位数字1254。
- function：启用函数模式，并允许进行细化配置，使用4位数字1205。
- 4位数字模式：启用细化配置，可以精确控制JIT的行为。

JIT 的 4 位标志是 4 个配置选项组合而成，按照 CRTO 的格式进行配置。

2. C-CPU特定的优化标志

C-CPU 特定的优化标志的不同配置如下:

- 0: 不使用。
- 1: 使用。

3. R-寄存器分配

R-寄存器分配的不同配置如下:

- 0: 不执行寄存器分配。
- 1: 使用本地线性扫描寄存器分配器。
- 2: 使用全局线性扫描寄存器分配器。

4. T-JIT触发器

T-JIT 触发器级别的不同配置如下:

- 0: 在PHP脚本加载时进行JIT编译。
- 1: 在函数首次被调用时启动JIT编译。
- 2: 在脚本运行后,对调用次数最多的函数进行JIT编译,这些函数的调用次数占所有函数调用次数的百分之(opcache.prof_threshold * 100)。
- 3: 当函数或方法的执行次数超过特定阈值N时(N由opcache.jit_hot_func配置决定)启动JIT编译。
- 4: 当函数或方法的注释中包含@jit标签时,对该函数或方法进行JIT编译。
- 5: 当一个Trace(代码执行路径)被执行超过特定次数(次数由opcache.jit_hot_loop、opcache.jit_hot_return等配置决定)后,启动JIT编译。

5. O-优化级别

O-优化级别的不同配置如下:

- 0: 最小化JIT编译(调用标准虚拟机处理程序)。
- 1: 执行opline之间的跳转部分的JIT编译。
- 2: 基于单个函数的静态类型推断进行优化JIT编译。
- 3: 基于类型推断和过程调用图,进行函数级别的JIT编译。
- 4: 基于类型推断和过程调用图,进行脚本级别的JIT编译。

从上述配置可以看出,PHP 的 JIT 编译器配置较为复杂。以下是根据不同使用场景的建议配置:

- 对于Web服务器,建议使用1235或1255配置。
- 对于CLI(命令行接口)脚本,建议使用1205配置。

表 2-1 展示了当 JIT 配置为 1255 时,PHPINFO 输出的部分 JIT 信息,这可以用来确认 JIT 编译器是否成功启用。

表 2-1   当 JIT 配置为 1255 时，PHPINFO 输出的部分 JIT 信息

Directive	Local Value	Master Value
opcache.enable	On	On
opcache.enable_cli	On	On
opcache.jit	1255	1255
opcache.jit_buffer_size	64	64
opcache.jit_hot_func	127	127
opcache.jit_hot_loop	64	64
opcache.jit_hot_return	8	8
opcache.jit_hot_side_exit	8	8

2.5.4   小结

JIT 编译器是 PHP 8 中引入的一个关键特性，其主要目的是提升 PHP 脚本的执行效率。与传统逐行解释执行的方式不同，JIT 编译器能够将频繁执行的热点代码动态转换为机器码。这一转换过程消除了逐行解释的需要，显著加快了代码的执行速度。

第 3 章

MVC 模式

MVC 模式是一种常用的软件设计模式，通过将应用程序分为 3 个核心模块：模型（Model）、视图（View）和控制器（Controller），从而实现了代码的分离和职责的清晰划分。模型负责数据的处理和业务逻辑，视图负责展示数据给用户，控制器负责处理用户的输入和控制应用程序的流程。这种模式能够提高代码的可维护性、可扩展性和重用性，广泛应用于 Web 应用程序和其他软件开发领域。

在本章中，我们将介绍以下主要内容：

- MVC模式工作原理
- MVC模式最佳实践
- 购物车MVC应用示例
- MVC模式最佳实践

3.1 MVC 模式工作原理

本节详细介绍 MVC 模式的 3 个核心模块：模型（Model）、视图（View）和控制器（Controller）。

1. 模型

模型的具体职责如下：

- 模型代表应用程序的数据和业务逻辑。
- 模型负责数据的读取、存储、验证和转换，以及处理与数据相关的操作。
- 模型通常独立于用户界面，它不关心数据是如何展示给用户的，只关注数据的处理和业务规则的实现。
- 模型包含数据对象、数据库连接、API调用、数据处理算法等。

2. 视图

视图的具体职责如下:

- 视图负责展示数据给用户,并呈现用户界面。
- 视图根据模型的数据生成用户可见的内容,可以是HTML页面、图形界面、报表等。
- 视图通常是被动的,它根据模型的状态进行更新,将数据可视化给用户。
- 视图可以响应用户的输入事件,但不处理业务逻辑,而是将输入事件传递给控制器进行处理。

3. 控制器

控制器的具体职责如下:

- 控制器处理用户的输入和控制应用程序的流程。
- 它接收用户的请求,根据请求执行相应的操作,并更新模型的状态。
- 控制器充当模型和视图之间的协调者,确保它们之间的交互正常进行。
- 控制器可以包含路由逻辑、请求处理、业务逻辑等。

3.2 第一个 MVC 应用示例

我们先实现一个简单的 MVC 应用示例,来说明 MVC 应用涉及的不同组件。本示例使用第 1 章搭建环境时创建的 tp 项目。首先修改 ThinkPHP 的视图配置文件 config/view.php 中的两个选项,代码如下:

```php
// 模板引擎使用类型
'type'          => 'php',
// 模板后缀
'view_suffix'   => 'php',
```

新建模型文件 app/model/testModel.php,代码如下:

```php
<?php
namespace app\model;
// 模型提供数据,也可以从数据库和文件中获取数据
class testModel{
    function get(){
        return "Hello ThinkPHP MVC";
    }
}
```

新建控制器文件 app/controller/test.php,代码如下:

```php
<?php
namespace app\controller;
use app\model\testModel;
// 控制器选择模型及其相应的视图
```

```
class test{
    function get(){
        //由于本书针对初学者，为了简明起见，本章的视图示例都以直接返回文本的方式给出来
        return 'direct to data from controller';
    }
    function show(){
        $testModel = new testModel();// 选择合适的模型
        $data = $testModel->get();// 获取相应的数据

        return view('list', [
        'title' => $data,
        'content' => 'get data from controller'
        ]);// 将数据传递给 list.php 视图，并在视图中展示给用户
    }
}
```

新建视图文件 app/view/test/list.php（其内容主体是 HTML 页面代码），代码如下：

```
<h1><?=$title?></h1>
<h2><?=$content?></h2>
```

在 tp 根目录执行 php think run 命令启动服务器，打开浏览器访问 http://localhost:8000/test/get，结果如图 3-1 所示，说明我们第一个 MVC 应用示例已经成功实现。

再次访问 http://localhost:8000/test/show，结果如图 3-2 所示。注意，在这两个 url 链接中，test 为控制器名，get 和 show 为控制器类中的方法名；另外需要注意一下在控制器 test 中，数据是如何传到视图 list 中的。这个示例虽然简单，但是基本上可以看出，MVC 模式是怎么分层处理数据、业务逻辑并展示视图的。

图 3-1

图 3-2

3.3　购物车 MVC 应用示例

我们再考虑稍微复杂一点的场景，以网购中常见的购物车添加商品为例，来更详细地阐述 MVC 的不同组件在处理流程中的职责。

用户在界面上单击"添加到购物车"按钮，发起请求，服务端的处理流程如下：

（1）检查用户权限：

- 用户权限是通用的应用程序逻辑，与具体的业务场景无直接关系。

- 用户权限检查涉及用户是否已登录以及是否有购物权限等。
- 如果用户没有购物权限，则相应的错误或提示信息将被返回给用户。

（2）检查商品有效性：

- 商品有效性属于核心业务逻辑，以确保购买的商品是有效的。
- 在商品有效性阶段，服务器会检查商品的ID是否存在，以及商品是否处于上架状态。
- 如果商品不存在或处于非上架状态，服务器将返回相应的错误信息给用户。

（3）检查商品库存：

- 商品库存也是核心业务逻辑，确保购买的商品有足够的库存。
- 服务器会查询商品的库存量，以确保用户可以购买所需数量的商品。
- 当商品库存不足时，服务器将返回相应的错误或提示信息给用户。

（4）将商品加入购物车并保存状态：

- 在核心业务逻辑验证通过后，服务器会将商品添加到用户的购物车中。
- 购物车的状态将被更新和保存，以反映所添加到购物车的商品的变化。

（5）返回添加购物车成功给用户：

- 这是应用程序逻辑的一部分，用于反馈操作结果给用户。
- 当商品成功添加到购物车时，服务器将返回相应的成功消息或状态给用户。

下面是基于 ThinkPHP 开发一个购物车的示例，本示例是为了演示 MVC 的工作原理，使用了自定义的模型，将数据保存在内存中，因此不具有持久化功能。

【示例 3-1】

执行以下命令初始化 ThinkPHP 项目，相当于在当前目录下创建一个新项目，项目名为 cart：

```
composer create-project topthink/think cart
```

新建模型文件 app/model/CartModel.php，代码如下：

```php
<?php
/**
 * File: Cart.php
 * User: xialeistudio
 **/

namespace app\model;

class CartModel {
    private $items = [];

    public function addItem($product, $quantity) {
        if (isset($this->items[$product])) {
            $this->items[$product] += $quantity;
```

```php
        } else {
            $this->items[$product] = $quantity;
        }
    }

    public function removeItem($product) {
        if (isset($this->items[$product])) {
            unset($this->items[$product]);
        }
    }

    public function getItems() {
        return $this->items;
    }
}
```

新建控制器文件 app/controller/Cart.php，代码如下：

```php
<?php
/**
 * File: Cart.php
 * User: xialeistudio
 **/

namespace app\controller;
use app\model\CartModel;
class Cart
{
    private $cartModel;

    public function __construct()
    {
        $this->cartModel = new CartModel();
    }

    // 添加并显示物品
    public function add()
    {
        $product = request()->get('product');
        $quantity = request()->get('quantity');
        if (empty($product) || empty($quantity)) {
            return '参数错误';
        }
        $this->cartModel->addItem($product, $quantity);
        return view('list', [
            'list' => $this->cartModel->getItems()
        ]);
```

```
        }
}
```

新建视图文件 app/view/cart/list.php，代码如下：

```
<div>
    <?php foreach ($list as $product => $quantity): ?>
        <p><?php echo $product; ?> x <?php echo $quantity; ?></p>
    <?php endforeach; ?>
</div >
```

由于 ThinkPHP 默认使用 Think 视图引擎，需要安装额外的 Composer 包，本示例直接采用 PHP 作为视图引擎，因此需要修改 ThinkPHP 的视图配置文件，编辑 config/view.php，代码如下：

```
<?php
return [
    // 模板引擎类型使用 Think
    'type'          => 'php',
    // 默认模板渲染规则 1 解析为小写+下划线 2 全部转换为小写 3 保持操作方法
    'auto_rule'     => 1,
    // 模板目录名
    'view_dir_name' => 'view',
    // 模板后缀
    'view_suffix'   => 'php',
    // 模板文件名分隔符
    'view_depr'     => DIRECTORY_SEPARATOR,
    // 模板引擎普通标签开始标记
    'tpl_begin'     => '{',
    // 模板引擎普通标签结束标记
    'tpl_end'       => '}',
    // 标签库标签开始标记
    'taglib_begin'  => '{',
    // 标签库标签结束标记
    'taglib_end'    => '}',
];
```

在项目根目录执行 php think run 命令启动服务器，结果如下：

```
➜  cart php think run
ThinkPHP Development server is started On <http://0.0.0.0:8000/>
You can exit with `CTRL-C`
Document root is: /Users/xialei/PhpstormProjects/cart/public
[Wed Jul 10 10:22:58 2024] PHP 8.3.7 Development Server (http://0.0.0.0:8000)
started
```

打开浏览器访问 http://localhost:8000/cart/add?product=测试&quantity=2，结果如下：

```
测试 x 2
```

通过 MVC 模式的应用示例可知，3 个不同模块各自承担着各自的职责。模型负责保存购物车状态和商品信息，视图负责展示界面给用户，控制器负责处理用户的请求并协调模型和视图之间的交互。这样的分层架构可使代码更加清晰、易于维护，并支持灵活的扩展和重用。

3.4　MVC 模式最佳实践

上面通过第一个 MVC 应用和购物车 MVC 应用，我们对 MVC 模式有个比较清晰的认识。当使用 MVC（Model-View-Controller）模式进行软件开发时，以下是一些最佳实践，供读者参考：

（1）分离关注点：确保模型、视图和控制器各司其职。模型应专注于数据处理和业务逻辑，视图应负责展示界面，而控制器则应协调模型和视图之间的交互。

（2）命名和目录结构清晰：为模型、视图和控制器设定具有描述性的命名，以便其他开发者快速理解代码的功能。同时，合理安排代码文件的目录结构，便于检索和维护。

（3）路由管理：采用适当的路由机制将用户请求正确地映射到相应的控制器和方法。制定明确的路由规则，使得 URL 结构清晰、易于管理。建议采用 RESTful 风格的路由设计，以便于 API 接口的开发。

（4）数据验证与过滤：在控制器层对用户输入进行严格的验证和过滤，确保数据的安全性和准确性。利用专业的验证库或工具，避免直接处理原始输入，以防止潜在的安全风险。

（5）数据库交互：将数据库相关的操作封装在模型中，使用数据库抽象层或 ORM（对象关系映射）工具来简化操作。遵循安全最佳实践，如使用参数化查询来防止 SQL 注入。

（6）控制器简洁性：保持控制器的代码简洁，仅包含处理请求的逻辑。将复杂的业务逻辑转移到模型中，以提升控制器的可读性和可测试性。

（7）利用模板引擎：采用模板引擎来处理视图的渲染，从而将界面逻辑与数据分离。模板引擎提供的标记和语法，使得视图的更新和维护更加便捷。

3.5　小结

MVC 模式是一种常用的软件开发模式，旨在将应用程序的不同部分分离，以提高代码的可维护性、可扩展性和可测试性。

MVC 模式的优点包括：

- 分离关注点：MVC模式将应用程序的不同关注点进行分离，使得各个组件都可以独立开发和维护。这样，模型、视图和控制器可以分别专注于数据、界面和交互逻辑，由此提高了代码的可读性和可维护性。
- 可扩展性：由于MVC模式的分层结构，可以更轻松地扩展或替换其中的某个组件。例如，可以更换视图而不影响模型和控制器的逻辑，或者添加新的控制器来处理新的功能。
- 可测试性：MVC模式使得单元测试和集成测试更加容易。由于模型、视图和控制器的分离，可以单独测试每个组件的功能。因此，可以更准确地验证每个组件的行为，提高代码质量。

- 代码重用：由于MVC模式的结构清晰，不同的应用程序可以共享通用的模型和控制器。因此，可以减少重复开发，提高开发效率。

尽管 MVC 模式有很多优点，但也需要注意以下几点：

- 结构复杂性：MVC模式引入了额外的结构和组件，增加了代码的复杂性。需要仔细设计和规划模型、视图和控制器之间的交互，以确保适当的解耦和职责分离。
- 学习曲线：对于初学者来说，理解和应用MVC模式可能需要一些时间和深入学习。需要熟悉模型、视图和控制器的概念，以及如何将它们协调和交互。

第 4 章

ThinkPHP 8 新特性

现在我们已经熟悉了 PHP 8 的新特性，那么接下来我们将进入 ThinkPHP 8 的学习。ThinkPHP 8 是基于 PHP 8 构建的全新版本，充分利用了 PHP 8 的新特性，并在性能、安全性和开发效率方面进行了优化。

在本章中，我们将介绍以下主要内容：

- Composer工具
- 初始化ThinkPHP应用
- 依赖注入
- Façade
- 中间件
- 配置

4.1 Composer 工具

Composer 是 PHP 用来管理依赖关系的工具。它使用 JSON 格式的配置文件来描述项目的依赖关系，然后根据配置文件自动下载并安装所需的依赖。Composer 工具的使用可以大大提高 PHP 项目的开发效率，并确保项目的依赖关系始终保持一致。

4.1.1 Composer 的优点

Composer 的优点如下：

- 自动化依赖管理：Composer可以自动下载并安装所需的依赖，从而简化了PHP项目的开发过程。
- 依赖关系管理：Composer可以根据配置文件自动解决依赖之间的冲突，确保项目的依赖关系始终保持一致。

● 包管理：Composer可以提供一个统一的包管理平台，方便开发者查找和使用第三方库。

4.1.2 Composer 的安装

Composer 提供了两种安装方式：全局安装和项目安装。

1. 全局安装

全局安装是将 Composer 安装到系统环境变量 PATH 所包含的路径，然后就能够在命令行窗口中直接执行 composer 命令了。

首先从 Composer 的官方网站下载 Composer 的安装文件。建议使用阿里云的镜像地址 https://mirrors.aliyun.com/composer/composer.phar 下载。

● 将Composer安装到系统环境变量PATH所包含的路径下面。
● 验证Composer安装是否成功。

在命令行窗口中执行 composer --version 命令，如果能够正确输出 Composer 版本号，则表示 Composer 安装成功。

2. 项目安装

项目安装是将 Composer 安装到项目的特定目录下面，然后只能在该目录中使用 composer 命令。下载完 composer.phar 之后复制到项目根目录，然后执行 php composer.phar –version 命令验证安装结果。

3. 基于项目的依赖管理

Composer 是基于项目进行依赖管理的，这意味着每个项目都有自己的依赖关系，Composer 不会将依赖安装到全局的 PHP 目录下。

Composer 使用 JSON 格式的配置文件来描述项目的依赖关系。该配置文件通常被命名为 composer.json，位于项目的根目录下。

composer.json 文件的结构如下：

```
{
  "name": "my-project",
  "description": "My first PHP project",
  "require": {
    "monolog/monolog": "^2.2"
  }
}
```

在上述配置文件中，"require"键指定了项目所依赖的包。"monolog/monolog"包是PHP 的一个日志库，版本号为 2.2 或更高。

要安装项目的依赖，可以使用 composer install 命令。该命令会根据 composer.json 文件中的配置自动下载并安装所需的依赖。

4.2　初始化 ThinkPHP 8 应用

要想初始化一个 ThinkPHP 8 应用到 chapter04 目录（即创建一个名字为 chapter04 的项目），可以执行下列命令：

```
composer create-project topthink/think chapter04
```

ThinkPHP 8 支持一个项目下部署多个应用的多应用模式，也支持经典的一个项目部署一个应用的单应用模式，就笔者多年工作经验来看，一般使用单应用模式足以满足大多数的场景。如果有多应用的需求，可以考虑分开多个单应用项目，因此本书主要介绍单应用模式的开发。

1. 目录结构

执行成功后会创建如下的项目结构：

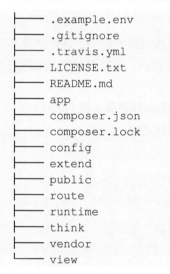

.example.env	示例环境变量配置
.gitignore	Git 忽略文件配置
.travis.yml	travis 流水线配置
LICENSE.txt	项目协议
README.md	项目自述文件
app	应用源代码
composer.json	Composer 依赖声明
composer.lock	Composer 版本锁
config	项目配置
extend	扩展类库目录
public	Web 根目录
route	路由定义
runtime	应用的运行时目录（可写）
think	命令行入口文件
vendor	依赖包
view	视图目录

2. 运行项目

默认情况下，应用会自带一个.example.env 文件，需要重命名为.env 才能生效。该文件是为了解决多环境部署问题而产生的，不能加入版本控制系统。

假如我们有开发环境、测试环境、生产环境，那么我们需要准备 3 份.env 文件。

下面是笔者本地开发环境使用的.env 配置。

【示例 4-1】

```
APP_DEBUG = true # 开启框架调试模式

DB_TYPE = mysql
DB_HOST = 127.0.0.1
DB_NAME = test
DB_USER = root
DB_PASS = 111111
DB_PORT = 3306
```

```
DB_CHARSET = utf8mb4

DEFAULT_LANG = zh-cn
```

执行以下命令运行 PHP 自带的 Web 服务器：

```
php think run
```

在浏览器中输入 http://localhost:8000/即可看到框架自带的 ThinkPHP 官网。

4.3 依赖注入

依赖注入（Dependency Injection，DI）是一种设计模式，用于管理和解耦对象之间的依赖关系。其核心思想是，不再由对象自身创建和管理依赖，而是将这些依赖关系的创建和注入交由外部容器来处理。

在传统的编程模型中，一个对象通常需要直接实例化它所依赖的其他对象。这种紧耦合的设计会导致代码的可测试性、可扩展性和可维护性变差。而使用依赖注入，可以将对象的依赖关系从对象本身移出，由外部容器负责创建和传递所需的依赖对象。

ThinkPHP 使用容器来更方便的管理类依赖及运行依赖注入，新版的容器支持 PSR-11 规范。

下面是一个在控制器构造方法中通过依赖注入获取请求对象的示例。

【示例 4-2】

将以下代码保存为上一节中的 chapter04 项目的 app/controller/Index.php 文件：

```php
<?php
namespace app\controller;

use think\Request;

class Index
{
    protected $request;

    public function __construct(Request $request)
    {
        $this->request = $request;
    }
    public function index() {
        return $this->request->url();
    }
}
```

启动服务器，在浏览器中分别访问 http://localhost:8000、http://localhost:8000/index，展示结果分别如下：

```
/
```

```
/index
```

依赖注入的场景包括：

- 控制器的构造方法。
- 控制器的操作方法。
- 事件类的执行方法。
- 中间件的执行方法。

4.4　Facade

Facade 是设计模式当中的一个术语，也称作门面。门面为容器中的 Class 提供了一个静态调用接口，相比于传统的静态方法调用，Facade 带来了更好的可测试性和扩展性。

【示例 4-3】

比如有一个工具类 Util，代码如下：

```php
<?php
// 门面定义
namespace app\common;

class Util
{
    public function foo($bar)
    {
        return 'hello,' . $bar;
    }
}
```

传统方式需要先实例化 Util 类才能调用 foo 方法，代码如下：

```php
<?php
$util = new \app\common\Util;
echo $test->foo('world'); // 输出 hello, world
```

下面介绍基于 ThinkPHP 8 的 Facade 系统实现的调用示例。

将前面的 Util 工具类保存到 app/common/Util.php 文件中，并新建 app/facade/Util.php 文件，代码如下：

```php
<?php
// 定义 Facade 类
namespace app\facade;

use think\Facade;

/**
 * @method foo($bar)
```

```
 */
class Util extends Facade
{
    protected static function getFacadeClass()
    {
        return \app\common\Util::class;
    }
}
```

编辑 app/controller/Index.php 文件，代码如下：

```php
<?php
// 在控制器中进行调用
namespace app\controller;

use app\BaseController;
use app\facade\Util;

class Index extends BaseController
{
    public function aaa()
    {
        return Util::foo('bbb');
    }
}
```

运行服务器，在浏览器中访问 http://localhost:8000/index/aaa，结果如下：

```
hello,bbb
```

控制器代码中直接依赖的是 app\facade\Util，而不是 app\common\Util，实现了控制器代码和 Util 实现类的解耦，当修改 Util 实现类时，不会影响控制器代码。

4.5　中间件

中间件主要用于拦截或过滤应用的 HTTP 请求，并进行必要的业务逻辑。它是实现面向切面编程（Aspect-Oriented Programming，AOP）的一个典型实例。

面向切面编程是一种编程范式，其目的在于解决软件中的横切关注点问题。横切关注点是指在多个模块和层次中普遍存在的功能或行为，例如日志记录、事务管理和安全性等。

传统的面向对象编程（Object-Oriented Programming，OOP）通过对象和类的层次结构来组织程序逻辑。然而，当处理横切关注点时，这些关注点往往会分散到多个对象和类中，导致代码的重复和混乱。

AOP 通过将横切关注点从核心业务逻辑中分离出来，以模块化和可重用的方式来进行管理。这通过定义切面（Aspect）来实现，切面是一个跨越多个对象和类的模块化单元，它包含了在程序特定位置插入逻辑的规则。

1. 中间件定义

中间件的定义相对简单。只需自定义一个包含 handle 方法的类即可。handle 方法接收一个 Request 对象和一个 Closure 对象。Request 对象代表当前请求的实例，每次请求都会创建一个新的实例，确保不同请求之间不会相互影响。Closure 对象代表下一个将要执行的中间件方法。

洋葱圈模型（Onion Model）是中间件执行的一种常见模式，尤其在请求处理流程中的中间件链中广泛使用。该模型的基本理念是将请求处理过程比作一个由内向外逐层穿透的洋葱，如图 4-1 所示。

在洋葱圈模型中，中间件按照注册的顺序形成一条链。每个中间件在处理请求时都包含两个关键阶段：前置处理和后置处理。当一个请求通过中间件链时，它首先按顺序执行每个中间件的前置处理逻辑，然后以相反的顺序执行后置处理逻辑。

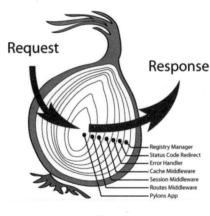

图 4-1

2. 中间件注册

中间件支持全局注册、应用注册、路由注册和控制器注册。本书主要介绍单应用模式，因此应用注册的方式不进行介绍。

全局注册，代码如下：

```php
<?php
// app/middleware.php
return [
    \app\middleware\Auth::class,
];
```

路由注册，代码如下：

```php
<?php
// app/route/app.php
Route::get('hello/:name', 'index/hello')
->middleware(\app\middleware\Auth::class);
```

控制器注册，代码如下：

```php
<?php
class Index extends BaseController
```

```
{
    protected $middleware = [Log::class, Auth::class];
    // 省略其他代码
}
```

中间件执行顺序为全局中间件→应用中间件→路由中间件→控制器中间件。

3. 中间件示例

下面是一个使用日志中间件和认证中间件的示例。

【示例 4-4】

新建 app/middleware/Log.php 文件，代码如下：

```php
<?php
// 日志中间件 app/middleware/Log.php
namespace app\middleware;

use app\Request;

class Log
{
    public function handle(Request $request, \Closure $next)
    {
        $startAt = microtime(true);
        $resp = $next($request);
        echo '处理耗时:' . (microtime(true) - $startAt) . '秒<br>';
        return $resp;
    }
}
```

新建 app/middleware/Auth.php 文件，代码如下：

```php
<?php
// 认证中间件 app/middleware/Auth.php
namespace app\middleware;

use app\Request;

class Auth
{
    public function handle(Request $request, \Closure $next)
    {
        if ($request->param('name') != 'admin') {
            return response('无权访问', 403);
        }

        return $next($request);
    }
}
```

编辑 app/controller/Index.php 文件，代码如下：

```php
<?php
// 控制器 app/controller/Index.php
namespace app\controller;

use app\BaseController;
use app\facade\Util;
use app\middleware\Auth;
use app\middleware\Log;

class Index extends BaseController
{
    protected $middleware = [Log::class, Auth::class]; // 注册中间件，先执行日志，
再执行认证

    public function aaa()
    {
        sleep(1);
        return Util::foo('bbb');
    }
}
```

think run 启动服务器，访问 http://localhost:8000/index/aaa?name=admin，请求成功处理，结果如
下：

```
处理耗时:1.0055019855499 秒
hello,bbb
```

访问 http://localhost:8000/index/aaa，请求无权处理，结果如下：

```
处理耗时:6.2942504882812E-5 秒
无权访问 0.002118sShowPageTrace
```

4.6　配置

4.6.1　基于 PHP 代码的配置

ThinkPHP 8 应用的配置目录位于项目根目录下的"config"目录下，以下是默认情况下的配置
文件：

```
├──── app.php                应用配置
├──── cache.php              缓存配置
├──── console.php            命令行配置
├──── cookie.php             Cookie 配置
├──── database.php           数据库配置
├──── filesystem.php         文件系统配置
├──── lang.php               多语言配置
├──── log.php                日志配置
├──── middleware.php         中间件配置
```

```
├── route.php          路由配置
├── session.php        SESSION 配置
├── trace.php          Trace 配置
└── view.php           视图配置
```

系统会自动读取单应用模式的 config 目录下的所有配置文件，不需要进行手动加载。如果存在子目录，可以使用代码手动加载配置。

例如应用中调用了多个通知系统（如短信、邮件等），此时就可以使用一个文件夹存储来通知系统的配置。

```
├── config
    ├── notice
        ├── sms.php
        ├── email.php
```

使用以下代码加载短信和邮件配置到对应的配置数组：

```
// 加载短信配置
\think\facade\Config::load('notice/sms', 'notice_sms');
// 加载邮件配置
\think\facade\Config::load('notice/email', 'notice_email');
```

使用以下代码读取对应的配置：

```
\think\facade\Config::get('notice_sms');
```

ThinkPHP 8 还支持在运行时通过 Config 来进行配置：

```
Config::set(['test1' => ['hello' => 'world']]); // 配置 test1
print_r(Config::get('test1')); // 读取 test1
```

4.6.2　环境变量配置

在前面的内容中介绍了 ThinkPHP 8 支持 .env 的配置文件，我们可以在该文件中配置一些与环境相关的配置信息，比如数据库连接信息、调试模式，等等。

【示例 4-5】

该文件也可以添加自定义配置，比如下面的代码添加了短信相关的配置到 .env：

```
# 短信配置
SMS_CHANNEL=test
SMS_KEY=testkey
```

在控制器 app/controller/Index.php 文件中读取该配置：

```php
<?php

namespace app\controller;

use think\facade\Env;

class Index
```

```
{
    public function index()
    {
        return Env::get('SMS_CHANNEL');
    }
}
```

启动服务器，在浏览器中访问 http://localhost:8000/，结果如下：

```
test
```

推荐在应用中读取 .env 文件中的配置信息到配置文件，而不是直接在代码中读取 .env 文件。以下是将 .env 中的短信配置信息导入 config/sms.php 文件的示例：

```
<?php
/**
 * File: sms.php
 * User: xialeistudio
 * Date: 2023/12/30
 **/
return [
    'channel' => env('SMS_CHANNEL'),
];
```

在控制器 app/controller/Index.php 文件读取该配置，示例如下：

```php
<?php

namespace app\controller;

use think\facade\Config;

class Index
{
    public function index()
    {
        return Config::get('sms.channel');
    }
}
```

在浏览器中访问 http://localhost:8000/，结果如下：

```
test
```

4.6.3 多环境配置变量

在 ThinkPHP 8 中，还支持同时定义多套环境变量，并通过入口文件来动态切换。下面示例展示如何在入口文件中根据不同的环境来加载相应的环境变量配置。

【示例 4-6】

.env.dev：

```
# 本地开发配置
APP_DEBUG=true
# 数据库配置
DB_TYPE=mysql
DB_HOST=127.0.0.1
DB_NAME=test
DB_USER=root
DB_PASS=111111
DB_PORT=3306
DB_CHARSET=utf8mb4

DEFAULT_LANG=zh-cn

# 短信配置
SMS_CHANNEL=devsms
```

.env.test：

```
# 测试环境配置
APP_DEBUG=true
# 数据库配置
DB_TYPE=mysql
DB_HOST=127.0.0.1
DB_NAME=test
DB_USER=root
DB_PASS=111111
DB_PORT=3306
DB_CHARSET=utf8mb4

DEFAULT_LANG=zh-cn

# 短信配置
SMS_CHANNEL=testsms
```

public/index.php：

```php
<?php
// [ 应用入口文件 ]
namespace think;

require __DIR__ . '/../vendor/autoload.php';

// 执行 HTTP 应用并响应
$http = ((new App())->setEnvName('dev'))->http; # 设置为 dev 环境

$response = $http->run();

$response->send();

$http->end($response);
```

app/controller/Index.php：

```
class Index extends BaseController
{
    public function index()
    {
        return Env::get('SMS_CHANNEL'); # 读取 SMS_CHANNEL
    }
}
```

- 当入口文件的环境名称配置为 dev 时，访问 http://localhost:8000 显示 devsms。
- 当入口文件的环境名称配置为 test 时，访问 http://localhost:8000 显示 testsms。

4.7　小结

ThinkPHP 8 框架在项目构建过程中引入了 Composer 这一现代 PHP 依赖管理工具，极大地简化了项目的初始化步骤。这一改进不仅提升了开发效率，也为项目的扩展性奠定了基础。同时，框架对 .env 文件的支持，为环境配置提供了便捷的解决方案。通过 .env 文件，开发者能够轻松管理不同环境下的配置参数，从而解决了环境切换时的配置难题。

采用 Composer 初始化项目，开发者可以快速搭建项目结构，并且通过 .env 文件灵活调整配置，以适应开发、测试和生产等不同环境的需求。这种做法不仅简化了环境配置的复杂性，还提高了项目的可移植性和安全性。因此，ThinkPHP 8 的这些特性使得项目管理和环境配置变得更加高效和可靠。

第5章

路　　由

在应用开发中，路由是一个至关重要的关键环节，其主要功能如下：

（1）URL：路由可以帮助我们定义清晰、易读的 URL 结构，使得应用的 URL 更加规范和易于理解。

（2）隐式传入额外请求参数：通过路由，我们可以隐式地将额外的请求参数传递给后端处理逻辑，而无需在 URL 中显式地包含这些参数。

（3）统一拦截和权限检查：路由可以用于统一拦截请求并执行权限检查等操作，确保只有授权的用户能够访问特定的路由。

（4）绑定请求数据：路由可以帮助我们将请求数据绑定到处理逻辑中，使得处理逻辑能够方便地访问请求中的参数、表单数据等。

（5）使用请求缓存：通过路由，我们可以实现请求缓存，将对特定 URL 的请求结果缓存起来，提高应用的性能和响应速度。

（6）路由中间件支持：路由中间件是一种常见的路由扩展机制，它允许我们在路由处理前后执行一些中间件逻辑，如身份验证、日志记录等。

路由解析的过程通常涉及以下步骤：

步骤01 路由定义：定义路由规则并设置相关参数，包括 URL 模式、请求方法和处理函数等。

步骤02 路由匹配：验证当前请求的 URL 是否与预设的路由规则匹配。

步骤03 路由解析：根据匹配成功的路由规则，确定相应的处理操作，这可能是某个方法或闭包函数。

步骤04 路由调度：执行路由解析的操作，将请求分发到相应的处理逻辑以完成后续操作。

在本章中，我们将介绍以下主要内容：

- 路由的定义、执行以及URL生成。
- 路由中间件的使用。

5.1　路由定义

路由是应用程序的核心组成部分。在默认设置下，我们无须明确设置路由，可以直接通过"控制器/操作"的格式进行访问。一旦定义了路由，对应的 URL 将不再支持直接访问，必须通过定义的路由来间接访问。ThinkPHP 8 还提供了强制路由功能，当启用这一功能时，所有的 URL 都必须有明确的路由规则，否则将无法访问，包括默认的首页。

路由定义的语法如下：

```
use think\facade\Route;
Route::rule(路由规则, 路由地址, [可选的 HTTP 请求方法]);
```

5.1.1　路由规则

路由规则描述了 URL 的表现形式，如果访问的 URL 满足某条规则，则执行该规则对应的路由操作。

路由规则定义时支持变量占位符，路由操作执行时占位符将被替换为真实数据传入对应的方法，下面是一些路由规则的示例。

【示例 5-1】

```
Route::rule('/', 'index'); // 首页
Route::rule('about', 'Index/about'); // 关于页
Route::rule('news/:id', 'News/show'); // 新闻详情
Route::rule('news/:year/:month/:day$', 'News/read'); // 年月日格式的新闻链接, 精
准匹配结尾
Route::rule(':user/[:repo]', 'Repo/show'); // 模仿 GitHub 的仓库路由, repo 参数是
可选的
```

5.1.2　路由地址

路由地址是路由匹配成功之后需要执行的操作。ThinkPHP 8 目前支持以下类型的路由操作：

- 路由到控制器/操作。
- 路由到类实例方法或类静态方法。
- 重定向。
- 路由到模板。
- 路由到闭包。
- 路由到自定义调度类。

1. 路由到控制器/操作

这是一种常用的路由方式，将满足条件的路由规则路由到相关的控制器和操作中，框架自动注入需要的上下文对象到操作方法，执行操作方法之后返回响应。

【示例 5-2】

编辑路由配置文件 route/app.php，代码如下：

```php
<?php
use think\facade\Route;


Route::get('news/:id','News/show');
```

新建 app/controller/News.php 文件，代码如下：

```php
<?php
namespace app\controller;

class News
{
    public function show($id)
    {
        return '显示'.$id.'新闻详情';
    }
}
```

运行服务器后访问 http://localhost:8000/news/10，结果如下：

显示 10 新闻详情

支持路由到子目录的控制器，比如我们有 PC 网页版和手机网页版。

```php
// 路由到 app/controller/pc/News.php 的 show 方法
Route::get('pcblog/:id','pc.News/show');
// 路由到 app/controller/mobile/News.php 的 show 方法
Route::get('mobileblog/:id','mobile.News/show');
```

2. 路由到类实例方法

实例方法需要实例化类才能调用，实例化类的过程由 ThinkPHP 框架完成，示例如下：

```php
// 路由到 app/services/News.php 的 show 方法
Route::get('news/:id','app\services\News@show');
```

3. 路由到类静态方法

静态方法无须实例化即可调用，示例如下：

```php
// 路由到 app/services/News.php 的 show 方法，无须实例化
Route::get('news/:id','app\services\News::show');
```

路由到实例方法使用"@"，路由到静态方法使用"::"。

4. 重定向

重定向到外部链接，比如我们迁移了应用的路由规则，就可以使用 301 永久重定向，示例如下：

```php
// 把所有的 news/ID 链接重定向到 post/ID
```

```
Route::redirect('news/:id', 'post/:id', 301);
```

5. 路由到模板

直接渲染模板输出，无须编写控制器/操作相关渲染代码，示例如下：

```
Route::view('news/:id', 'News/show');
```

在模板中可以使用$id 变量，结果如下：

这是{$id}的新闻详情

6. 路由到闭包

执行闭包函数并返回响应，可以不再执行对应的控制器/操作代码，例如，有一个负载均衡器健康检查的端点，就可以直接路由到闭包。

【示例 5-3】

编辑 route/app.php 文件，新增以下代码：

```
Route::get('ping', function () {
    return 'pong';
});
```

运行服务器后访问 http://localhost:8000/ping，结果如下：

```
pong
```

闭包函数支持依赖注入，ThinkPHP 框架会传递指定的参数到我们的闭包函数。

【示例 5-4】

编辑 route/app.php 文件，新增以下代码：

```
Route::rule('news/:id', function (Request $request, $id) {
    // 访问$request 对象
    return '这是新闻'.$id.'的详情';
});
```

运行服务器后访问 http://localhost:8000/news/10，结果如下：

这是新闻 10 的详情

7. 路由到自定义调度类

这是 ThinkPHP 8 新增的路由方式，它提供了扩展能力允许让开发者自定义路由操作。在某些场景下，框架提供的路由逻辑可能不能满足我们需求，此时我们就可以自定义调度类来实现路由。

自定义调度类只需要继承 think\route\Dispatch 类并实现 exec 方法即可，示例如下：

【示例 5-5】

```
namespace app\route;

use think\route\Dispatch;
use think\route\Rule;
```

```
use think\Request;

class NewsDispatch extends Dispatch
{
    public function exec()
    {
        $request = $this->request;
        // 访问请求头中的语言首选项
        // TODO 国外访问者调度到 app/controller/foreign/News 控制器
        // TODO 国内访问者调度到 app/controller/News 控制器
    }
}

// 路由到自定义调度类
Route::get('news/:id',\app\route\NewsDispatch::class);
```

5.1.3 HTTP 请求方法

可以在路由定义中指定请求类型（如果不指定，则默认为任何请求类型都有效），例如：

```
<?php
// 发布新闻的路由，只支持 POST 方法
Route::rule('new/:id', 'News/create', 'POST');
```

ThinkPHP 8 为常用的 HTTP 请求方法定义了快捷方法用来简化路由配置，支持的方法如表 5-1
所示。

表 5-1   ThinkPHP 8 为常用的 HTTP 请求方法定义的快捷方法

类 型	描 述	快捷方法
GET	GET 请求	get
POST	POST 请求	post
PUT	PUT 请求	put
DELETE	DELETE 请求	delete
PATCH	PATCH 请求	patch
HEAD	HEAD 请求	head
OPTIONS	OPTIONS 请求	options
*	任何请求类型	any

下面列举一些示例：

```
Route::get('news/:id','News/show');            // 新闻详情
Route::post('news/:id','News/create');         // 发布新闻
Route::put('news/:id','News/update');          // 更新新闻
Route::delete('news/:delete','News/delete');   // 删除新闻
Route::any('news/index','News/index');         // 新闻列表
```

5.2　路由进阶

5.2.1　路由生成

定义路由之后，在某些场景下，我们需要主动生成 URL，此时需要使用 url 方法来生成 URL，下面列举新闻详情的定义以及对应的 URL 生成示例。

【示例 5-6】

编辑 route/app.php 文件，代码如下：

```php
<?php

use think\facade\Route;

Route::get('news/:id', 'News/show');
```

编辑 app/controller/Index.php 文件，代码如下：

```php
<?php

namespace app\controller;

class Index
{
    public function index()
    {
        return url('News/show', ['id' => 10]);
    }
}
```

运行服务器访问 http://localhost:8000/，结果如下：

```
/news/10.html
```

5.2.2　强制路由

前面的内容提到过 ThinkPHP 8 支持强制路由，但在开启之后，所有 URL 都必须显式定义路由规则，否则将无法访问。

下面列举开启强制路由并定义首页路由的示例。

【示例 5-7】

编辑 app/config/route.php 文件，并将 url_route_must 改为 true。

```php
<?php
return [
    // 省略其他代码
    'url_route_must' => true
```

```
];
```

编辑 app/route.php 文件，新增以下路由：

```
Route::get('/', function () {
    return 'Hello,world!';
});
```

启动服务器后访问 http://localhost:8000/可以返回"Hello,world!"，访问其他链接则都将返回"当前访问路由未定义或不匹配"错误。

5.2.3 路由分组

在工程实践中，我们可以将相同前缀的路由定义到一个路由分组，从而简化路由定义以及提高路由匹配效率。下面是不使用路由分组的示例：

```
Route::get('v1/user/login','User/login');
Route::get('v1/user/register','User/register');
```

代码中'v1/user'是公共的路由前缀，示例代码需要重复写两次。如果我们有很多相同的前缀，则会导致代码冗余，修改时成本会比较大。使用如下的路由分组代码可以解决这个问题：

```
Route::group('v1/user', function () {
    Route::rule('login', 'User/login');
    Route::rule('register', 'User/register');
});
```

5.2.4 路由中间件

路由中间件可以对路由规则或者路由分组进行配置，例如下面的示例，通过对'v1/user'这个路由分组添加认证中间件，让中间件对整个分组下所有路由规则生效。

```
Route::group('v1/user', function () {
    Route::rule('changePassword', 'User/changePassword');
    Route::rule('home', 'User/home');
}))->middleware(\app\middleware\Auth::class); // 登录校验中间件
```

也可以使用多个中间件，使用数组传参即可。

```
Route::group('v1/user', function () {
    Route::rule('changePassword', 'User/changePassword');
    Route::rule('home', 'User/home');
}))->middleware([\app\middleware\Log::class, \app\middleware\Auth::class]); //
日志/登录校验中间件
```

5.3 Restful 路由

REST（Representational State Transfer）是一种基于 HTTP 协议的 Web 架构风格，它的出现大大

简化了 Web 应用的开发和维护工作，成为现代 Web 开发的基础。

【示例 5-8】

这里列举一个新闻 API 的 Restful 路由定义：

```
Route::resource("news", "News");
```

框架会自动生成路由规则，如表 5-2 所示，并绑定到对应的控制器方法。

表 5-2 框架会自动生成的路由规则

规则名称	HTTP 方法	路由规则	控制器操作	说　　明
index	GET	news	News/index	新闻列表
create	GET	news/create	News/create	创建新闻页面（表单）
save	POST	news	News/save	创建新闻
read	GET	news/:id	News/read	新闻详情
edit	GET	news/:id/edit	News/edit	编辑新闻页面（表单）
update	PUT	news/:id	News/update	保存编辑的新闻
delete	DELETE	news/:id	News/delete	删除新闻

控制器代码如下：

```php
<?php
namespace app\controller;

class News
{
    public function index()
    {
    }

    public function create()
    {
    }

    public function save()
    {
    }

    public function read($id)
    {
    }

    public function edit($id)
    {
    }
    // 省略其他方法
}
```

在 Restful 路由设计中，前后端分离是一种常见的做法，后端通常只负责返回 JSON 数据，而不返回 HTML 表单。因此，在使用 ThinkPHP 8 时，默认生成的路由规则可能需要进行调整以适应 Restful 风格。

下面是禁用表单相关端点的路由代码，两种方法任选一种即可：

```
// 允许
Route::resource('news', 'News')
    ->only(['index', 'save', 'read', 'update', 'delete']);

// 禁用
Route::resource('news', 'News')
    ->except(['create', 'edit']);
```

Restful 路由的规则名称是固定的，框架依据这些规则进行路由匹配。然而，控制器的具体方法名是可以自定义的。下面列举了一个更改新闻路由的保存和删除操作的路由规则示例：

```
Route::resource('news','News')
    ->rest([
        'save'   => ['POST', '', 'store'],
        'delete' => ['DELETE', '/:id', 'destory'],
]);
```

在上述示例中，将 POST/news 中调用的 News/save 方法更改为 News/store 方法，在 DELETE /news 中也可以使用同样的方法。

资源嵌套

Restful 支持资源嵌套，下面列举一个新闻资源和新闻评论资源的示例：

```
Route::resource('news', 'News');
Route::resource('news.comment', 'Comment');
```

对应的 URL 如下（仅列出部分）：

```
// 获取 ID 为 1 的新闻详情
GET /news/1
// 获取 ID 为 1 的新闻评论列表
GET /news/1/comment
// 获取 ID 为 1 的新闻评论列表中 ID 为 2 的评论详情
GET /news/1/comment/2
// 给 ID 为 1 的新闻发表评论
POST /news/1/comment
```

对应的控制器代码如下：

```
<?php

namespace app\controller;

class Comment
{
```

```php
public function read($id, $news_id)
{
    // TODO 查看 ID 为$news_id 的新闻下 ID 为$id 的评论
}
}
```

5.4 注解路由

ThinkPHP 8支持使用PHP 8的新特性注解来定义控制器和操作的路由，相比于传统的基于配置文件的方式，注解路由带来了更高的内聚性和灵活性。

使用注解路由需要安装 think-annotation 包，这个包可以使用下面的命令进行安装：

```
composer require topthink/think-annotation
```

注解路由的语法如下：

```
#[Route("请求方法", "请求路径", [选项列表])]
```

- 请求方法：标准的HTTP请求方法，比如GET、POST等。
- 请求路径：支持变量，比如[Route("GET", "news/:id")]中的news/:id。

1. 基本使用

新闻控制器的代码，包含新闻列表和新闻详情两个接口。

【示例 5-9】

新建 app/controller/News.php 文件，代码如下：

```php
<?php
namespace app\controller;

use think\annotation\route\Route;

class News
{
    #[Route("GET", "news/home")]
    public function list()
    {
        return "list";
    }
    #[Route("GET", "news/:id")]
    public function show($id)
    {
        return "查看新闻" . $id;
    }
}
```

运行 php think run 开启服务器之后，浏览器访问/news/home 和/news/123 可以得到相应的输出。

2. 分组路由

在上面的示例中，每个操作的路由都定义了 news 前缀，实际上我们可以将统一的路由前缀定义在 news 类级别上，这样每个操作就不用再重复定义了。

分组路由语法如下：

```
#[Group("分组名称", [选项列表])]
```

【示例 5-10】

本示例为 News 控制器定义了 news 分组名称，该控制器所有方法都会自动添加/news 前缀。

新建 app/controller/News.php 文件，代码如下：

```php
<?php

namespace app\controller;

use think\annotation\route\Group;
use think\annotation\route\Route;

#[Group("news")]
class News
{
    #[Route("GET", "home")]
    public function list()
    {
        return "list";
    }
    #[Route("GET", ":id")]
    public function show($id)
    {
        return "查看新闻" . $id;
    }
}
```

运行 php think run 命令开启服务器之后，浏览器访问/news/home 和/news/123 可以得到相应的输出。

3. 中间件

注解路由使用中间件也非常简单，可以选择为单个控制器或者单个操作添加中间件。

中间件语法如下：

```
#[Middleware(中间件类名称::class)]
```

【示例 5-11】

本示例演示给 News 控制器添加 Log 中间件的方法。

编辑 app/controller/News.php 文件，添加中间件相关注解：

```php
<?php

namespace app\controller;
```

```
use app\middleware\Log;
use think\annotation\route\Group;
use think\annotation\route\Middleware;
use think\annotation\route\Route;


#[Group("news")]
#[Middleware(Log::class)]
class News
{
    #[Route("GET", "home")]
    public function list()
    {
        return "list";
    }
    #[Route("GET", ":id")]
    public function show($id)
    {
        return "查看新闻" . $id;
    }
}
```

访问/news/home 和/news/123 可以得到 Log 中间件的输出，比如笔者的这个示例的结果如下：

处理耗时：6.0081481933594E-5 秒
查看新闻 123

4. 多个中间件

在某些场景下，我们可能会使用多个中间件，比如 Auth 和 Log，中间件的执行顺序和注解的声明顺序一致（从上到下应用注解）。

【示例 5-12】

编辑 app/controller/News.php 文件，代码如下：

```
<?php

namespace app\controller;

use app\middleware\Auth;
use app\middleware\Log;
use think\annotation\route\Group;
use think\annotation\route\Middleware;
use think\annotation\route\Route;

#[Group("news")]
class News
{
    #[Route("GET", ":id")]
    #[Middleware(Log::class)]
    #[Middleware(Auth::class)]
```

```
public function show($id)
{
    return "查看新闻" . $id;
}
}
```

启动服务器，在浏览器中访问/news/123 后得到的输出结果如下：

处理耗时:0.00011301040649414 秒
无权访问

上面示例先执行 Log 中间件，再执行 Auth 中间件，所以我们可以看到，Log 中间件先输出耗时，再提示无权访问。

【示例 5-13】

下面我们调整一下 Log 中间件和 Auth 中间件的执行顺序，代码如下：

```
<?php
namespace app\controller;

use app\middleware\Auth;
use app\middleware\Log;
use think\annotation\route\Group;
use think\annotation\route\Middleware;
use think\annotation\route\Route;

#[Group("news")]
class News
{
    #[Route("GET", ":id")]
    #[Middleware(Auth::class)]
    #[Middleware(Log::class)]
    public function show($id)
    {
        return "查看新闻" . $id;
    }
}
```

在浏览器中访问/news/123 后得到的输出结果如下：

无权访问

由于 Auth 中间件先执行，因此直接返回"无权访问"结束了请求，后续的 Log 中间件并没有执行。

5.5 URL 生成

在很多情况下，我们需要生成 URL 地址。例如，当我们发布新闻时，需要向订阅者的邮箱发送简要信息和详情链接。在这种情况下，涉及 URL 生成问题。而 ThinkPHP 8 提供了多种路由方式，如果手动拼接 URL，一旦路由规则发生变更（如更改伪静态规则），就需要修改大量生成 URL 的代码。

为了解决这个问题，ThinkPHP 8 提供了一个函数来生成 URL。该函数会根据路由相关配置自动生成 URL，即使路由配置发生变更，也无需修改代码。框架会根据新规则自动生成新的链接。

URL 生成的语法如下：

```
Route::buildUrl('路由地址', [选项]);
```

在 route/app.php 文件中定义了一行新闻详情的路由规则，如下：

```
Route::rule("/news/:id", "news/show");
```

当遇到形如/news/xxx 之类的 URL 请求时，框架将调用 News 控制器的 show 方法，并把 id 传入 show 方法。

【示例 5-14】
新建 app/controller/News.php 文件，代码如下：

```php
<?php
namespace app\controller;

use think\facade\Route;

class News
{
    public function show($id)
    {
        return Route::buildUrl('news/show', ['id' => $id]);
    }
}
```

在浏览器中访问/news/123 可以得到如下输出结果：

```
/news/123.html
```

示例中的 buildUrl 方法采用了 Builder 的设计模式，支持丰富的选项。
当需要更改伪静态后缀时，可以使用如下代码：

```
Route::buildUrl('news/show', ['id' => $id])->suffix(".shtml");
```

当需要生成一个带域名信息的绝对 URL 时，可以使用如下代码：

```
Route::buildUrl('news/show', ['id' => $id])->domain("www.example.com");
```

5.6　小结

ThinkPHP 8 在保持向后兼容的同时，引入了注解路由这一新特性，这为开发者提供了更加灵活和多样的路由定义方式。注解路由通过在控制器类和方法上添加特定的注释来定义路由规则，这样可以将路由配置与业务逻辑代码紧密结合起来，有利于代码的组织和管理。在实际开发中，建议团队选择一种统一的路由风格，以方便问题的排查和维护代码的一致性。

针对新项目，笔者推荐采用注解路由来定义中间件和路由。这种方法能够实现路由配置代码与业务代码的高度内聚，提升开发效率和可维护性。然而，对于对注解路由不太熟悉的开发者，仍然可以选择使用传统的路由定义方式，以确保项目的顺利进行。

第6章

控 制 器

在 Web 开发中，控制器在 Web 框架中扮演着至关重要的角色，负责处理传入的请求、解析请求参数、调用业务逻辑组件或服务，并最终生成响应返回给用户。它们通常包含多个动作（或方法），每个动作对应一个特定的 URL 路径。之前的 ThinkPHP 版本中没有中间件能力，所以一般控制器还负责执行其他任务，如身份验证、权限检查、日志记录等。在 ThinkPHP 8 中已经提供了中间件，因此控制器可以专注于 HTTP 请求处理和响应输出。

在本章中，我们将介绍以下主要内容：

● 掌握控制器的定义和使用
● 掌握请求和响应处理

6.1 控制器定义

控制器无须特殊定义，通常存放在 app/controller 目录下，文件名采用驼峰命名，不强制要求继承任何内置基础类，非常灵活。但是在实际应用开发中，笔者建议还是根据接口职责来划分控制器。

【示例 6-1】

新建 app/controller/User.php 文件，代码如下：

```php
<?php
// app/controller/User.php
namespace app\controller;

class User
{
    public function login()
    {
        return 'login';
```

```
    }
}
```

在上面的示例中定义了一个 User 控制器，当用户访问 http://localhost:8000/user/login 或者 http://localhost:8000/index.php/user/login 时，就会执行 User 控制器中的 login 方法后返回 login 字符串。

1. 控制器后缀名

在某些场景下，控制器名称可能和模型名称冲突，比如已经有一个 User 的模型类，而控制器名称也为 User，那么就会产生冲突，此时我们可以打开 config 目录下 route.php 中的控制器名称后缀开关。

```
'controller_suffix'    => true,
```

启用控制器后缀后，控制器名称后面就会带有 Controller 后缀，例如上面的用户控制器中的 User 就可以修改为 UserController。

【示例 6-2】

新建 app/controller/UserController.php 文件，代码如下：

```php
<?php
namespace app\controller;

class UserController
{
    public function login()
    {
        return 'login';
    }
}
```

在浏览器中访问 http://localhost:8000/user/login，输出 login 字符串。测试完这个示例后，需要将 route.php 中的控制器名称后缀开关 controller_suffix 重新设置为 false，恢复原来的配置。

2. 嵌套控制器

控制器支持嵌套，我们可以根据业务需求，在 app/controller 目录下创建包含子目录的控制器。下面列举查看用户订单的示例。

【示例 6-3】

新建 app/controller/user/Order.php 文件，代码如下：

```php
<?php
namespace app\controller;

class Order
{
    public function list()
    {
```

```
        return 'list';
    }
}
```

在浏览器中访问 http://localhost:8000/user.order/list 时，就会执行 Order 控制器的 list 方法，输出 list 字符串。通过多级控制器可以更灵活地支持代码划分和更优雅的 URL。

3. 控制器基类

ThinkPHP 8 内置了一个控制器基类，提供了许多基础上下文变量，比如 App 实例和当前 Request 实例。下面列举一个读取应用时区配置和当前请求 URL 的示例。

【示例 6-4】

新建 app/controller/Index.php 文件，代码如下：

```php
<?php
// 控制器
namespace app\controller;

use app\BaseController;

class Index extends BaseController
{
    public function index()
    {
        $host = $this->app->config->get('app.default_timezone');
        $url = $this->request->url();
        return json(['host' => $host, 'url' => $url]);
    }
}
```

在浏览器中访问 http://localhost:8000，输出结果如下：

```
{
  "host": "Asia/Shanghai",
  "url": "/"
}
```

4. 控制器中间件

在某些情况下，针对不同的控制器，我们需要设置不同的中间件。例如，对于与后台操作相关的控制器，可以使用日志中间件来记录操作，以便进行审计。为了解决这个问题，可以使用控制器的 middleware 属性。通过设置控制器的 middleware 属性，我们可以为该控制器指定一个或多个中间件。这些中间件将按照它们在 middleware 属性中定义的顺序被应用到该控制器的动作方法上。

下面示例演示了如何使用控制器的 middleware 属性来设置不同的中间件。

【示例 6-5】

新建 app/controller/Index.php 文件，代码如下：

```php
<?php
namespace app\controller;

use app\BaseController;
use app\middleware\Auth;

class Index extends BaseController
{
    protected $middleware = [Auth::class];

    public function createUser()
    {
        // TODO 添加用户
    }
}
```

在浏览器中访问/index/createUser 时会进行鉴权，如果没有提供凭据，服务器将拒绝访问。

6.2 请求处理

ThinkPHP 8 提供了 Request 对象用于封装 HTTP 请求。下面我们一起来学习如何在 ThinkPHP 8 中进行请求处理，比如获取请求参数、校验请求参数等。

6.2.1 获取请求对象

Request 对象由 ThinkPHP 框架实例化，开发者需要手动实例化 Request 对象。ThinkPHP 框架提供了 4 种方法来获取 Request 对象，读者可以根据自己的项目要求或者个人习惯，固定使用一种获取方式，并保持一致性以提高开发效率。

1. 继承BaseController

前面的内容提到过，BaseController 提供了 Request 实例和 App 实例，因此可以直接继承 BaseController，再通过$this->request 获取请求实例。

2. 调用助手函数

笔者常用的方法是，在 ThinkPHP 框架底层通过依赖注入容器对请求对象进行单例处理，只有第一次调用 request()函数会自动创建请求对象，以避免多次调用产生的开销问题。

笔者推荐使用该方法获取请求对象，具体用法参看下面示例。

【示例 6-6】

```php
<?php
// 控制器
namespace app\controller;
```

```
use app\BaseController;

class Index extends BaseController
{

    public function index()
    {
        $url = request()->url();
        return $url;
    }
}
```

启动服务器后，在浏览器中访问 http://localhost:8000，查看输出结果。

3. 构造方法注入

在未继承 BaseController 的情况下，我们可以定义一个 Request 属性和对应的构造方法，框架会自动通过依赖注入构造请求对象。具体示例如下。

【示例 6-7】

新建 app/controller/Index.php 文件，代码如下：

```
<?php
// 控制器
namespace app\controller;

use app\Request;

class Index
{
    protected Request $request;
    /**
     * @param Request $request
     */
    public function __construct(Request $request)
    {
        $this->request = $request;
    }

    public function index()
    {
        return $this->request->url();
    }
}
```

启动服务器后，在浏览器中访问 http://localhost:8000，查看输出结果。从示例代码可以发现，通过构造方法注入请求对象代码量有点多，因此一般不建议使用该方法。

4. 静态方法调用

某些场景下未使用依赖注入，可以通过 Request 门面来获取 Request 对象。具体示例如下。

【示例 6-8】

新建 app/controller/Index.php 文件，代码如下：

```php
<?php
// 控制器
namespace app\controller;

use think\facade\Request;

class Index
{
    public function index()
    {
        return Request::url();
    }
}
```

启动服务器后，在浏览器中访问 http://localhost:8000，查看输出结果。

5. 操作方法注入

构造方法的注入需要给控制器定义相关的属性。而操作方法的注入，只需要直接调用参数即可，不需要给控制器定义额外的属性；其缺点是只能在这个操作方法内部调用。具体示例如下。

【示例 6-9】

新建 app/controller/Index.php 文件，代码如下：

```php
<?php
// 控制器
namespace app\controller;

use think\Request;

class Index
{
    public function index(Request $request)
    {
        return $request->url();
    }
}
```

启动服务器后，在浏览器中访问 http://localhost:8000，查看输出结果。

6.2.2　获取请求上下文信息

请求上下文信息可以理解为本次请求的元数据，比如请求方法、访问路径等。想了解更多信息，可以前往 ThinkPHP 官方网站自行查询。

【示例 6-10】

新建 app/controller/Index.php 文件，代码如下：

```php
<?php
// 控制器
namespace app\controller;

use think\Request;

class Index
{
    public function index()
    {
        return json([
            'url' => request()->url(),
            'controller' => request()->controller(),
            'action' => request()->action(),
            'host' => request()->host()
        ]);
    }
}
```

输出结果如下：

```
{
"url": "/",
"controller": "Index",
"action": "index",
"host": "0.0.0.0:8000"
}
```

判断请求方法

可以使用 Request 对象的 method 方法以及对应的 is 函数来判断当前请求方法。比如，登录接口只允许 POST 请求，那么就可以通过 request()->isPost()方法来判断是否使用了 POST 请求方法。

【示例 6-11】

新建 app/controller/Index.php 文件，代码如下：

```php
<?php
// 控制器
namespace app\controller;

use think\Request;

class Index
{
    public function index()
    {
        return json([
```

```
        'method' => request()->method(),
        'is_get' => request()->isGet(),
        'is_post' => request()->isPost()
    ]);
    }
}
```

直接使用浏览器访问 http://localhost:8000/，输出结果如下：

```
{
"method": "GET",
"is_get": true,
"is_post": false
}
```

6.2.3　获取请求参数

Request 对象支持获取以下 PHP 全局变量的数据，并提供默认值、安全过滤等功能。

- $_GET
- $_POST
- $_REQUEST
- $_SERVER
- $_SESSION
- $_COOKIE
- 文件上传

官方文档中提供了 has 方法和 param 方法来检测变量和获取变量值，但是笔者不推荐使用这两种方法，主要原因是 has 方法和 param 方法会从多个数据源获取参数，语义不明确，排查问题较困难，应该使用语义更明确的 get、post 等方法。

框架支持的变量获取方法如表 6-1 所示。

表 6-1　框架支持的变量获取方法

方　法	描　述
get	获取$_GET 变量
post	获取$_POST 变量
put	获取 PUT 变量
delete	获取 DELETE 变量
session	获取 SESSION 变量
cookie	获取$_COOKIE 变量
request	获取$_REQUEST 变量
server	获取$_SERVER 变量
env	获取$_ENV 变量
file	获取$_FILES 变量

下面看一个获取 GET 参数的示例。

【示例 6-12】

新建 app/controller/Index.php 文件，代码如下：

```php
<?php
// 控制器
namespace app\controller;

use think\Request;

class Index
{
    public function index()
    {
        return json([
            'name' => request()->get('name'),
            'age' => request()->get('age')
        ]);
    }
}
```

在浏览器中访问 http://localhost:8000/?name=foo&age=20，输出结果如下：

```
{
"name": "foo",
"age": "20"
}
```

注意，默认 GET 参数得到的数据类型都是字符串型。

1. 默认值

参数获取方法支持默认值。在下面的示例中，如果 GET 参数没有 name，则采用默认值 guest。

【示例 6-13】

新建 app/controller/Index.php 文件，代码如下：

```php
<?php
namespace app\controller;

use think\Request;

class Index
{
    public function index()
    {
        return json([
            'name' => request()->get('name', 'guest'),
        ]);
    }
}
```

在浏览器中访问 http://localhost:8000/?name=test 时，页面上会输出 test；而在浏览器中访问 http://localhost:8000/时，则页面上会输出 guest。

下面示例针对输入参数自动调用 strip_tags 方法。

【示例 6-14】

新建 app/controller/Index.php 文件，代码如下：

```php
<?php
// 控制器
namespace app\controller;

use think\Request;

class Index
{
    public function index()
    {
        request()->filter(['strip_tags']);
        return json([
            'name' => request()->get('name', 'guest'),
        ]);
    }
}
```

在浏览器中访问 http://0.0.0.0:8000/?name=<a>bbb</a>时，会输出如下结果：

```
{
"name": "<a>bbb</a>"
}
```

2. 获取请求头参数

可以使用 Request 对象的 header 方法获取请求参数。下面是一个获取用户 User-Agent 的示例。

【示例 6-15】

新建 app/controller/Index.php 文件，代码如下：

```php
<?php
// 控制器
namespace app\controller;

use think\Request;

class Index
{
    public function index()
    {
        return json([
            'ua' => request()->header('user-agent'),
        ]);
```

```
        }
    }
```

输出结果如下，由于 ua 信息跟浏览器类型相关，如果读者的输出结果与笔者的不一致，则属于正常的。

```
    {
    "ua": "Mozilla/5.0 (Macintosh; Intel Mac OS X 10_15_7) AppleWebKit/537.36 (KHTML,
like Gecko) Chrome/126.0.0.0 Safari/537.36"
    }
```

> **注意** header()方法参数是不区分大小写的，因此笔者建议统一使用一种风格，要么全部大写，要么全部小写。

6.2.4　请求缓存

ThinkPHP 框架具备对 GET 请求的缓存功能。当请求匹配到已缓存的内容时，框架会直接返回 304 Not Modified 状态码，这样做可以减少不必要的数据传输。

在 ThinkPHP 中，你可以在路由层面设置缓存，也可以配置全局缓存。对于那些对数据更新要求不是特别严格的场景，笔者建议仅在路由层面进行缓存设置，这样可以避免可能出现的全局缓存相关的问题，从而避免出现一些奇怪的 Bug。

下面是一个对新闻详情设置 1 小时缓存的示例：

```
Route::get('new/:id','News/read')->cache(3600);
```

在这个示例中，当第一次访问/news/10 时，系统会从数据库中读取新闻详情并生成响应。在缓存有效期内再次访问相同的 URL 时，系统将直接返回缓存中的数据，而不会再次查询数据库。

6.3　响应处理

在 ThinkPHP 框架中，Response 是一个用于处理 HTTP 响应的类。它提供了一系列的工具方法，这些方法可以方便我们创建和修改响应内容。一般情况下，我们可以通过表 6-2 所示的工具方法生成 Response 对象，这样可以在不直接实例化 Response 类的情况下返回响应。

表 6-2　工具方法

输出方法	输出类型
json	JSON 输出
字符串	字符串
redirect	重定向
download	下载文件
view	输出视图

下面是工具方法的一些使用示例。

【示例 6-16】

```php
<?php
// 控制器
namespace app\controller;

use think\Request;

class Index
{
    // JSON 输出
    public function json_resp()
    {
        return json([
            'msg' => 'JSON RESPONSE'
        ]);
    }

    // 直接输出字符串
    public function raw_resp()
    {
        return 'Raw response';
    }

    // 输出重定向
    public function redirect_resp()
    {
        return redirect('https://www.ddhigh.com');
    }
    // 下载文件
    public function download_resp()
    {
        return download(__DIR__ . '/Index.php', 'Index.php');
    }
}
```

view 方法在后面介绍模板时会单独介绍，此处不再演示。

1. 响应状态码

可以给响应工具函数传入第二个参数来设置响应状态码，也可以单独调用 Response 对象的 code 方法传入状态码。示例如下：

```php
json($data,201);               // 为工具函数传入第二个参数
json($data)->code(201);        // 调用 code 方法
```

2. 响应头

调用 Response 对象的 header 方法即可设置响应头。示例如下：

```php
json($data)->code(200)->header([
    'X-MY-HEADER' => 'TEST VALUE'
```

```
]);
```

3. 设置cookie

调用 Response 对象的 cookie 方法即可设置 cookie。示例如下：

```
response()->cookie(key, 'value', 3600); // cookie，1 小时后过期
```

6.4　小结

本章主要介绍了控制器的定义以及在 Web 开发中的应用，同时探讨了如何处理 HTTP 的请求和响应。通过学习本章的内容，读者将能够掌握如何在 Web 开发中高效地使用控制器。

需要注意的是，在工程实践中，只有控制器能操作 HTTP 请求与响应，业务逻辑则需要写入模型层或者单独的业务层中，以保证层与层之间的职责分离。

第7章

数据库

在 Web 应用开发中，数据库操作是不可或缺的一部分。通过与数据库的交互，我们可以进行存储、检索和更新数据操作，从而实现数据的持久化和管理。数据库操作通常包括连接数据库、CURD 操作（增删改查）、链式查询操作和事务处理等。

在本章中，我们将介绍以下主要内容：

- 掌握连接数据库的方法，包括读写分离
- 掌握数据库的CURD操作以及链式查询操作
- 掌握数据库事务原理以及ThinkPHP的事务操作

7.1 PHP 连接数据库

PHP 支持的数据库类型非常广泛，包括 MySQL、Oracle、SQL Server、MongoDB、Redis、PostgreSQL、SQLite 等。以连接 MySQL 数据库为例，通常使用 mysqli 扩展或 PDO（PHP Data Objects）扩展，这两个扩展需要在 PHP 安装目录下的 php.ini 中进行配置。首先打开 php.ini，找到";extension=php_mysqli"和";extension=pdo_mysql"语句，去掉这两条语句前的分号";"，再保存一下 php.ini 文件，重新启动开发服务器即可启用 mysqli 和 PDO。

下面是 PHP 通过 mysqli 扩展连接数据库的示例，需要读者事先安装好 MySQL 8 数据库：

```
//public/testmysqli.php
<?php
//连接数据库，world 是 MySQL 自带的示例数据库，在安装 MySQL 时需要选择安装
$db=mysqli_connect('localhost','root','1111','world') or die("无法连接服务器");
print("成功连接服务器<br>");

$sq = "select * from city limit 10";
$result = mysqli_query($db,$sq);

while($row = mysqli_fetch_row($result)){
```

```
        print($row[1]."<br>");
    }
mysqli_close($db);
```

运行服务器，在浏览器中访问 http://localhost:8000/testmysqli.php，看到正确的输出结果，即表示 mysqli 扩展正常工作。再来看一个 PHP 通过 PDO 扩展连接数据库的示例：

```
//public/testpdo.php
<?php
try {
    //连接数据库，world 是 MySQL 自带的示例数据库，在安装 MySQL 时需要选择安装
    $dbconnect = new PDO('mysql:host=localhost;dbname=world','root','1111');
} catch (PDOException $exception) {
    echo "Connection error message: " . $exception->getMessage();
}
$sqlquery = "select * from city limit 10";
$result = $dbconnect->query($sqlquery);
foreach ($result as $row){
    $name = $row['Name'];
    $countrycode = $row['CountryCode'];
    echo "City: $name . $CountryCode. <br/>";
}
```

运行服务器，在浏览器中访问 http://localhost:8000/testpdo.php，看到正确的输出结果，即表示 PDO 扩展已经正常工作了。

7.2　ThinkPHP 连接数据库

ThinkPHP 8 的数据库连接的配置跟之前的版本区别不大，在 config/database.php 中配置好连接信息，然后就可以编写控制器并执行查询了。

ThinkPHP 8 支持多个数据库连接，默认情况下会使用默认的数据库进行连接，我们也可以通过代码指定想要采用的连接方式，这个功能使用起来非常灵活。

7.2.1　单个数据库连接

下面是一个连接数据库的配置示例：

```
// config/database.php
'default' => env('DB_DRIVER', 'mysql'),
// 数据库连接配置信息
'connections' => [
    'mysql' => [ // 连接标识符
        // 数据库类型
        'type' => env('DB_TYPE', 'mysql'),
        // 服务器地址
        'hostname' => env('DB_HOST', '127.0.0.1'),
```

```
        // 数据库名
        'database' => env('DB_NAME', 'test'),
        // 用户名
        'username' => env('DB_USER', 'root'),
        // 密码
        'password' => env('DB_PASS', '111111'),
        // 端口
        'hostport' => env('DB_PORT', '3306'),
        // 数据库连接参数
        'params' => [],
        // 数据库编码默认采用 utf8
        'charset' => env('DB_CHARSET', 'utf8'),
        // 数据库表前缀
        'prefix' => env('DB_PREFIX', ''),
    ],
    // 更多的数据库配置信息
]
```

> **注意** 在上面的数据库配置中，default 指定的默认连接是 mysql，这只是一个标识符，可以自定义，它与数据库类型没有关系。

下面列举一个在控制器中查询数据库版本的示例。

【示例 7-1】

新建 app/controller/Index.php 文件，代码如下：

```php
<?php
// 控制器
namespace app\controller;

use think\facade\Db;

class Index
{
    // 获取数据库版本号
    public function index()
    {
        print_r(Db::query('SELECT VERSION()'));
    }
}
```

运行服务器，在浏览器中访问 http://localhost:8000，输出结果如下，笔者的数据库版本是 8.3.0，读者的输出有可能与此结果信息不一致，这个是正常的。

```
Array ( [0] => Array ( [VERSION()] => 8.3.0 ) )
```

7.2.2 多个数据库连接

我们可以在 connections 数组中定义多个数据库连接，并且在代码中通过 Db:connect 方法指定数据库连接。下面示例介绍的配置可以跟在上 7.2.1 节所示的'mysql'连接配置信息块的下面。

```
'mydb' => [
    // 数据库类型
    'type' => env('DB_TYPE', 'mysql'),
    // 服务器地址
    'hostname' => env('DB_HOST', '127.0.0.1'),
    // 数据库名
    'database' => env('DB_NAME', 'mydb'),
    // 用户名
    'username' => env('DB_USER', 'root'),
    // 密码
    'password' => env('DB_PASS', '111111'),
    // 端口
    'hostport' => env('DB_PORT', '3306'),
    // 数据库连接参数
    'params' => [],
    // 数据库编码默认采用 utf8
    'charset' => env('DB_CHARSET', 'utf8'),
    // 数据库表前缀
    'prefix' => env('DB_PREFIX', ''),
]
```

【示例 7-2】

使用'mydb'连接的控制器代码如下：

```php
<?php
// 控制器
namespace app\controller;

use think\facade\Db;

class Index
{
    // 获取数据库版本号
    public function index()
    {
        print_r(Db::connect('mydb')->query('SELECT VERSION()'));
    }
}
```

在浏览器中访问 http://localhost:8000，输出结果如下：

```
Array ( [0] => Array ( [VERSION()] => 8.3.0 ) )
```

7.2.3　读写分离

　　数据库读写分离是一种常见的数据库架构设计模式，通过将数据读操作和写操作分离到不同的数据库实例或服务器上，可以提高数据库系统的性能和可扩展性。

（1）数据读写分离的优点：

- 提高读取性能：将读操作分流到多个从节点上，可以有效地分担主节点的读取压力，提高读取性能和并发处理能力。
- 分担主节点压力：主节点负责写入操作，而读操作则由从节点处理，可以减轻主节点的负载量，提高主节点的稳定性和可用性。
- 提高系统可扩展性：通过添加更多的从节点，可以线性扩展读取能力。当应用程序的读取需求增加时，可以方便地扩展从节点来满足需求，而无需对主节点进行修改。
- 改善用户体验：读写分离可以提高系统的响应速度和并发处理能力，从而改善用户的体验，减少等待时间。

（2）数据读写分离的缺点：

- 数据同步延迟：由于主节点和从节点之间存在数据同步的延迟，可能会导致从节点上的数据不是实时的，对于实时性要求较高的业务场景可能会受到影响。
- 复杂性增加：读写分离需要维护多个数据库实例或服务器，涉及数据同步、负载均衡、故障处理等方面的管理和配置，增加了系统的复杂性。
- 数据一致性：由于主从节点之间可能存在数据同步延迟，因此会出现主节点写入成功但从节点未同步的情况，这将导致读取到旧数据或数据不一致的情况。在一些对数据实时性和一致性要求较高的场景中，需要使用额外的措施来确保数据的一致性。

通过将读写操作分离，可以提高系统的性能、可扩展性和用户体验，但也会引入一些延迟和数据一致性的问题，同时增加了系统的复杂性。在实际应用中，需要根据业务需求和系统规模权衡利弊，选择是否采用读写分离架构。

下面来具体讲解 ThinkPHP 8 中内置的数据库读写分离特性。

1. 读写分离配置

在实践中，读写分离配置一般可以分为一主一从或一主多从。一主一从的读写分离配置如下：

```php
// config/database.php
'default' => env('DB_DRIVER', 'mysql'),
    // 数据库连接配置信息
    'connections' => [
        'mysql' => [ // 连接标识符
            // 数据库类型
            'type' => 'mysql',
            // 服务器地址
            'hostname' => ['192.168.0.11', '192.168.0.12'], // 一主一从，第 1 个是
主服务器，同一主多从的配置类似
            // 数据库名
            'database' => 'test',
            // 用户名
            'username' => ['root', 'root'], // 如果账号相同，可以直接配置 root
            // 密码
            'password' => ['111111', '111111'], // 密码也是同上
```

```
            // 端口
            'hostport' => 3306,
            // 数据库连接参数
            'params' => [],
            // 数据库编码默认采用 utf8
            'charset' => 'utf8',
            // 数据库表前缀
            'prefix' => '',

            // 数据库部署方式:0 表示集中式（单一服务器），1 表示分布式（主从服务器）
            'deploy' => 1,
            // 数据库读写是否分离，主从服务器有效
            'rw_separate' => true,
            // 读写分离后，主服务器数量
            'master_num' => 1,
        ],
        // 更多的数据库配置信息
]
```

使用查询类或者模型提供的 CURD 方法时，框架会自动判断当前是读操作还是写操作，并连接对应的服务器，应用层代码无须关注主从模式切换。但如果使用的是原生 SQL 操作数据，则写数据必须使用 execute 方法，查询必须使用 query 方法，这样才能够操作正确的数据库实例。

以下是 ThinkPHP 8 连接主服务器的主要规则：

- 调用写数据方法（execute/insert/update/delete）。
- 调用事务方法，基于事务要求，同一个事务需要操作同一个实例，否则会出现数据不一致的情况。
- 连接从服务器失败，可以降级到连接主服务器。
- 调用查询构造器的lock方法，可以对数据库中的查询上锁。
- 调用查询构造器的master方法，手动指定查询在主服务器上执行。

2. 手动指定主库读取

在实施数据库读写分离策略时，确实存在一些特殊场景，其中数据的一致性要求极高。在这些场景下，尽管通常可以接受小于 1 秒的数据不一致，但当我们立即需要读取刚写入的数据时，这种不一致性就变得不可接受。因此，在该种场景下，我们可以手动指定读取主服务器。

```
Db::name('user')
    ->master(true) // 手动指定
->find(1);
```

7.3　查询构造器

ThinkPHP 8 的查询构造器功能非常强大，采用了惰性求值的方式，只要不调用最终的查询方

法（比如 find），ThinkPHP 8 不会真正查询数据库。

下面我们进入查询构造器的学习。读者可以利用 7.2.1 节的示例，将本节的示例代码手工输入 Index 控制器中，并运行代码查看结果，掌握一下相关语句的作用。

> 注意 Db 类需要使用 think\Facade\Db，而不是 think\Db。

Db::table()方法不对表前缀进行处理，传入的数据表名称是什么就查询什么数据表。而 Db::name()方法需要处理表前缀，比如表前缀是 mp_，那么 Db::name('user')方法最终查询的则是 mp_user 表。

本节示例需要在数据库 mydb 中创建 users 表，建表语句如下（当然，由于表字段比较简单，读者可以使用 MySQL Workbench 工具直接建表和维护数据）：

```
CREATE TABLE `users` (
  `id` int NOT NULL AUTO_INCREMENT,
  `name` varchar(45) NOT NULL,
  `nickname` varchar(45) NOT NULL,
  `status` int DEFAULT '0',
  PRIMARY KEY (`id`)
) ENGINE=InnoDB AUTO_INCREMENT=5 DEFAULT CHARSET=utf8mb3;
INSERT INTO `mydb`.`users`(`id`,`name`,`nickname`,`status`)
VALUES(1,'Tom' ,'cat',1 );
INSERT INTO `mydb`.`users`(`id`,`name`,`nickname`,`status`)
VALUES(2,'Jerry' ,'mice',1>);
INSERT INTO `mydb`.`users`(`id`,`name`,`nickname`,`status`)
VALUES(3,'Jack' ,'dog',0>);
```

7.3.1 查询数据

1. 查询单行数据

这是非常常见的一种查询方式，比如我们需要查询 ID 为 1 的用户数据：

```
Db::table(users')->where('id', 1)->find();
```

生成的 SQL 语句如下：

```
SELECT * FROM ` users` WHERE `id` = 1 LIMIT 1
```

查询结果不存在时返回 null，否则返回对应的数据数组（一维）。

2. 查询多行数据

查询多行数据使用 select 方法，其返回 Collection 对象，可以调用 toArray 方法转换为二维数组。

```
Db::table('users')->where('status', 1)->select()->toArray();
```

生成的 SQL 语句如下：

```
SELECT * FROM `users` WHERE `status` = 1
```

3. 查询第一行第一列的值

使用 value 方法查询第一行第一列的值，比如查询 ID 为 1 的用户昵称：

```
Db::table('users')->where('id', 1)->value('nickname');
```

查询结果不存在时返回 null，否则返回对应的值。

4. 查询第一列的值

使用 column 方法查询第一列的值，比如查询当前用户关注的用户 ID 列表：

```
Db::table('follows')->where('uid', 1)->column('receiver_uid');
```

返回一维数组，数组元素对应一个被关注人的用户 ID。

5. 游标查询

如果需要处理大量数据，使用 select 方法和 foreach 方法会导致内存问题，而 ThinkPHP 8 提供了游标查询功能，其基于 PHP 生成器[1]特性，可以大量减少占用的内存。

下面列举一个使用游标查询所有用户昵称的示例：

```
$cursor = Db::table('users')->where('status', 1)->cursor();
foreach($cursor as $user){
    echo $user[nickname], PHP_EOL;
}
```

7.3.2　插入数据

调用查询构造器的 insert 方法即可插入数据，返回值为受影响的行数。一般情况下，插入成功后返回 1。

```
Db::name('wallet')->insert(['balance' => 1000]);
```

insert 方法支持第二个参数，控制是否返回最后插入的 ID，默认值为 false。

```
$lastID = Db::name('wallet')->insert(['balance' => 1000], true);
```

我们还可以使用 save 方法，save 方法会根据数据是否包含主键自动执行插入/更新操作。
比如，下面的示例中传入了主键，因此最终会执行更新操作。

```
Db::name('wallet')->save(['id' => 1, 'balance' => 1000]);
```

插入多条数据时可以使用 insertAll 方法：

```
$rows = [
['balance' => 1],
['balance' => 2],
['balance' => 3],
];
$result = Db::name('wallet')->insertAll($rows);
```

---

[1] PHP：生成器总览　https://www.php.net/manual/zh/language.generators.overview.php

7.3.3 更新数据

前面提到过，我们可以直接使用 save 方法更新数据，但需要在数据中传入主键。
ThinkPHP 8 还兼容了之前版本使用的更新方法，示例代码如下：

```
Db::name('user')
    ->where('id', 1)
->update(['nickname' => 'test']);
```

自增/自减

对于一些统计类字段，比如访问量、在线人数等，可以使用 ThinkPHP 8 提供的 setInc 方法和
setDec 方法进行自增和自减：

```
Db::table('news')->where('id', 1)->setInc('views');      // 增加新闻访问量
Db::table('users')->where('id', 1)->setDec('praise');    // 减少用户点赞量
```

7.3.4 删除数据

ThinkPHP 8 提供基于主键的删除以及基于查询条件的删除方法，示例如下：

```
Db::table('users')->delete(1);                          // 基于主键删除单行
Db::table('users')->delete([1,2,3]);                    // 基于主键删除多行
Db::table('users')->where('id',1)->delete();            // 基于查询条件删除单行
Db::table('users')->where('id','>', 100)->delete();     // 基于查询条件删除多行
```

软删除

在某些场景下，用户在删除数据时，不做真正的删除，而是给数据设置一个删除标记，标记数
据被删除，以便进行审计。业界一般用删除时间作为软删除标记，未删除的数据该字段为 NULL，
而被软删除的数据则显示为删除时间。

下面是软删除 ID 为 1 的用户示例：

```
Db::table('users')
    ->where('id', 1)
    ->useSoftDelete('deleted_at',time())
    ->delete();
```

生成的 SQL 语句如下：

```
UPDATE `users`  SET `deleted_at` = '1714375460' WHERE  `id` = 1
```

确定是否需要对数据进行软删除，这需要结合业务场景以及合规需求来考虑。

7.3.5 查询表达式

ThinkPHP 8 支持丰富的查询表达式，其表达式的类别如表 7-1 所示，可以简单地认为是 SQL
语言在 ThinkPHP 8 中的实现。查询表达式语法如下：

```
where('字段名称','表达式','表达式参数');
```

表 7-1 表达式类别

表 达 式	作 用
=	等于
<>	不等于
>	大于
>=	大于或等于
<	小于
<=	小于或等于
LIKE/NOT LIKE	模糊查询
BETWEEN/ NOT BETWEEN	区间查询
IN/NOT IN	列表查询
NULL/NOT NULL	查询字段是否为 NULL
EXISTS/NOT EXISTS	存在性查询
EXP	SQL 语句查询

下面列举了一些常用查询表达式的示例，读者可以自行写一个控制器来测试一下这些示例：

```
// 查询 ID 为 1 的用户，返回 0 行或 1 行
Db::name('user')->where('id','=',1)->find();
// 查询 ID 不为 1 的所有用户，返回 0 行或多行
Db::name('user')->where('id','<>',1)->select();
// 查询名称为 admin_开头的用户列表
Db::name('user')->where('name', 'like', admin_%')->select();
// 查询年龄为 12~18 岁的用户
Db::name('user')->where('age','between',[12,18])->select();
// 查询 ID 位于[1,2,3]中的用户
Db::name('user')->where('id','in',[1,2,3])->select();
// 查询名称为 NULL 的用户
Db::name('user')->where('name', 'null')->select();
// 查询 ID 位于[1,2,3]中的用户
Db::name('user')->where('id','exp',' IN (1,2,3) ')->select();
```

7.3.6 常用链式操作

ThinkPHP 8 提供了丰富的查询操作函数，每个查询操作函数通过返回查询对象本身从而支持链式操作，下面是一个简单的实现原理示例：

```
Class Query {
    private $where = [];
    private $orderBy = [];

    public function where($condition) {
        $where[] = $condition;
        return $this;
    }
    public function order($order) {
        $orderBy[] = $order;
        return $this;
```

```
        }
}
```

下面是一个链式操作，用于查询前 10 个已激活的用户列表示例：

```
Db::table('think_user')
    ->where('status','enable')
    ->order('id')
    ->limit(10)
->select();
```

在示例中，where、order、limit 都是链式操作，因此可以继续调用其他链式操作方法（因为会返回查询实例），而 select 返回的是查询结果，所以不是链式操作方法。

ThinkPHP 8 支持的链式操作如表 7-2 所示。

表 7-2   ThinkPHP 8 支持的链式操作

操作名称	作 用
where	用于 AND 查询
whereOr	用户 OR 查询
table	指定操作数据表
alias	给数据表定义别名
field	定义查询字段（也可以排查字段）
order	结果集排序
limit	限制结果集数量
page	查询分页（ThinkPHP 实现，非 MySQL 官方语法），页码从 1 开始
group	查询分组
having	查询分组筛选
join	连表
lock	数据库锁
cache	查询缓存
with	关联数据
bind	绑定查询参数
master	强制从主服务器读取数据

下面列举了链式操作的示例：

```
// 查询第 1 页用户列表，按照 ID 倒序
Db::name('user')->order(['id' => 'desc'])->page(1, 10)->select();
// 查询所有用户的 ID，用户名和创建时间
Db::table('user')->field('id,username,created_at')->select();
```

更多的链式操作示例，读者可以参阅 ThinkPHP 官方文档。

7.3.7　JSON 数据操作

MySQL 5.7 中新增了 JSON 数据类型，使我们可以直接在数据库层面上存储和查询结构化的 JSON 格式数据。这意味着我们不再需要将 JSON 串存储在 VARCHAR 或 TEXT 类型的字段中，然

后再在应用层面进行解析和操作。

下面介绍 ThinkPHP 8 中的 JSON 数据操作，读者需要自行编写一个控制器，按照示例中的数据操作信息，使用 Workbench 工具快速创建相应的表来测试一下相应的示例。

1. 插入数据

下面列举一个插入用户数据的示例。其中 address 字段是 JSON 类型，用来保存省（市、区）信息：

```
$user['username'] = 'test';
$user['address'] = [
    'province' => '北京市',
    'city' => '北京市',
    'district' => '海淀区'
];
Db::name('user')
    ->json(['address'])
    ->insert($user);
```

2. 查询数据

下面列举查询整个 address 数据的示例：

```
$user = Db::name('user')
    ->json(['address'])
    ->find(1);
```

下面列举查询省份是北京市的示例：

```
$user = Db::name('user')
    ->json(['address'])
    ->where('address->province','北京市')
    ->find();
```

3. 更新数据

下面列举更新 JSON 数据的示例：

```
$data['address'] = [
    'province' => '北京市',
    'city' => '北京市',
    'district' => '海淀区'
];
Db::name('user')
    ->json(['address'])
    ->where('id',1)
    ->update($data);
```

下面列举更新 JSON 某个字段的示例：

```
$data['address->province'] = '广东省';
Db::name('user')
    ->json(['address'])
    ->where('id',1)
```

```
        ->update($data);
```

4. 删除数据

下面列举删除省份为北京市的示例：

```
Db::name('user')
    ->json(['address'])
    ->where('address->province','北京市')
    ->delete();
```

7.4   数据库事务

数据库事务，简而言之，就是一组不可分割的操作序列，它们作为一个整体被执行，以保证数据的完整性和一致性。事务按照 ACID 原则进行管理，ACID 是原子性（Atomicity）、一致性（Consistency）、隔离性（Isolation）、持久性（Durability）四个英文单词的首字母缩写。

- 原子性：确保了事务中的操作要么全部成功，要么全部失败。如果事务中的任何操作失败，则整个事务将回滚到事务开始之前的状态。
- 一致性：事务必须使数据库从一个一致的状态转移到另一个一致的状态，确保数据库中的数据始终满足所有预设的规则。
- 隔离性：一个事务的执行不能被其他事务的操作干扰。不同级别的隔离性可以通过锁机制或时间戳机制来实现，以保护事务的数据。
- 持久性：一个事务一旦提交，它对数据库中的数据的更改就是永久性的，即使系统崩溃，更改也不会丢失。

MySQL 中 InnoDB 是支持事务的引擎，目前 MySQL 8 的默认引擎就是 InnoDB。
数据库事务的一般流程如下：

```
BEGIN; // 启动事务
// ... 数据操作
COMMIT; // 提交失误
ROLLBACK; // 回滚事务
```

ThinkPHP 8 提供了两种事务执行方式：闭包方式和手动方式。

1. 闭包方式（推荐）

所有数据库操作包装到一个 PHP 闭包函数，如果该函数抛出异常，则 ThinkPHP 8 会自动回滚事务，否则自动提交事务。下面是一个创建订单并扣款的示例：

```
Db::transaction(function () {
    Db::name('user')->where('id',1)->setDec('money', 100);
    Db::name('order')->insert(['price'=>100,'user_id'=>1]);
});
```

2. 手动方式

ThinkPHP 8 提供了启动、提交、回滚事务的三个方法，我们可以手动进行事务提交和回滚：

```
Db::startTrans(); // 启动事务
try {
    Db::name('user')->where('id',1)->setDec('money', 100);//用户扣钱 100
    Db::name('order')->insert(['price'=>100,'user_id'=>1]);//下了一个 100 的订单
    Db::commit();    // 提交事务
} catch (\Exception $e) {
    Db::rollback(); // 回滚事务
}
```

3. XA 分布式事务

在分布式系统中，应用可能需要同时对多个数据库进行操作，而这些数据库有可能分布在不同的服务器上。在这种情况下，我们需要确保跨多个数据库的操作具有原子性，这意味着这些操作要么全部成功，要么全部失败。

MySQL 中的 XA 事务支持分布式事务。这里的"XA"是一个事务处理标准，指的是两阶段提交（Two Phase Commit，2PC）的事务管理系统。XA 允许多个数据库之间协调事务，确保事务要么在所有相关数据库中完全提交，要么完全回滚，从而保持数据的一致性。

ThinkPHP 8 支持 XA 分布式事务，示例代码如下：

```
Db::transactionXa(function () {
Db::connect('db1')->table('user')
->where('id',1)
->setDec('money', 100);
Db::connect('db2')
->table('order')
->insert(['price'=>100,'user_id'=>1]);
}, [Db::connect('db1'),Db::connect('db2')]);
```

7.5　小结

在本章节中，我们深入探讨了 Web 应用开发的核心部分：数据库操作。这些操作不仅是关系数据库管理系统（RDBMS）操作的基础，也是保持数据持久化和管理的关键。我们讨论了如何建立数据库连接、执行 CRUD 操作、利用链式查询，以及如何有效地处理数据库事务。

此外，我们还讲解了 JSON 数据类型的操作，其在 MySQL 5.7 以上版本中的支持，使得我们能够直接在数据库级别处理结构化的 JSON 数据，从而简化了应用层面的处理逻辑。

本章介绍的数据库操作是比较底层的，在工程实践中，一般会使用模型简化数据库操作，下一章我们将一起学习模型相关的知识。

第8章

模　　型

在 Web 开发中，模型（Model）作为 MVC 架构中的重要一环，负责处理应用程序中核心的业务逻辑部分，包括数据的读取、保存、更新以及删除等持久性操作。它们通常与数据库表紧密关联，每个模型代表一个特定的数据对象。在 ThinkPHP 8 框架中，模型提供了多种强大的功能，而且通过关联模型，使得数据库之间的关系变得清晰且易于管理。

在本章中，我们将介绍以下主要内容：

- 模型的定义
- 插入数据
- 更新数据
- 删除数据
- 查询数据
- JSON数据的操作
- 获取器
- 修改器
- 搜索器
- 软删除
- 时间戳管理
- 只读字段
- 关联模型

8.1　模型定义

定义模型非常简单，继承 think\Model 即可。下面是一个用户模型的示例：

```php
<?php
namespace app\model;
```

```php
use think\Model;

class User extends Model
{
}
```

默认情况下，模型类名是去除表前缀的数据表名称，采用大驼峰命名法。比如下面的示例：

- User <-> think_user
- UserWallet <-> think_user_wallet

模型的$table 属性可以手动指定数据表名称，下面是一个数据表为 users 的模型示例：

【示例 8-1】

```php
<?php
namespace app\model;

use think\Model;

class User extends Model
{
    protected $table='users'; // 手动指定数据表名称
}
```

其他常用的模型属性包括$pk 和$connection。$pk 用来指定主键字段，默认为 id，如果数据表主键不是 id，则需要重新定义。$connection 用来指定模型使用的数据库连接。

下面是一个指定主键和数据库连接的示例。

【示例 8-2】

```php
<?php
namespace app\model;

use think\Model;

class User extends Model
{
    protected $pk = 'user_id';           // 指定主键，多对多关联中必须指定主键
    protected $connection = 'user';      // 手动指定数据表名称
}
```

模型字段用来指定模型属性的数据类型，推荐每个模型类都进行定义，ThinkPHP 8 默认会自动获取数据表的字段类型（需要查询一次数据库）。在生产实践中一般会开启字段缓存，以避免频繁获取字段类型的开销。

模型的数据字段和对应数据表的字段是对应的，默认会自动获取（包括字段类型），但自动获取会导致增加一次查询（可以开启字段缓存功能），因此需要在模型中明确定义字段信息以避免多一次查询的开销。下面是一个手动定义模型字段的示例。

【示例 8-3】

```php
<?php
namespace app\model;

use think\Model;

class User extends Model
{
    // 设置字段信息
    protected $schema = [
        'id'          => 'int',
        'username'      => 'string',
        'password'      => 'string',
         'age' => 'int',
        'balance'       => 'float',
        'created_at' => 'datetime',
        'updated_at' => 'datetime',
    ];
}
```

上述代码中，模型字段对应数据库中的 User 表字段，$schema 属性需要定义所有字段。如果只需要手动指定某些字段的数据类型，则可以使用$type 属性，示例如下：

【示例 8-4】

```php
<?php
namespace app\model;

use think\Model;

class User extends Model
{
    // 设置字段信息
    protected $type = [
        'balance'       => 'float',
    ];
}
```

8.2 插入数据

使用模型插入数据和查询构造器插入数据，最大的不同是模型会执行修改器、自动完成等逻辑，而数据库操作只是单纯的数据插入。

在调用模型实例的 save 方法插入数据时，如果插入成功，则返回 true，否则会抛出异常。

【示例 8-5】

本示例演示每个字段单独赋值。首先在 mydb 库中创建一张表，语句为：

```
CREATE TABLE `users` (
  `id` int NOT NULL AUTO_INCREMENT,
  `name` varchar(45) NOT NULL,
  `nickname` varchar(45) NOT NULL,
  `status` int DEFAULT '0',
  PRIMARY KEY (`id`)
) ENGINE=InnoDB AUTO_INCREMENT=5 DEFAULT CHARSET=utf8mb3;
```

控制器 User 代码如下：

```php
<?php
namespace app\controller;

use app\model\UserModel;

class User {
    public function create() {
        $user = new UserModel();
        $data = [
            'name' => 'John Doe',
            'nickname' => 'John Bull',
            'status' => 1
        ];
        $result = $user->save($data);
        if ($result) {
            return '创建成功';
        } else {
            return '创建失败';
        }
    }
}
```

对应的 Model 为 app\model\UserModel.php，代码如下：

```php
<?php
namespace app\model;

use think\Model;

class UserModel extends Model {
    // 设置当前模型对应的完整数据表名称
    protected $table = 'users';

    // 设置模型名称
    protected $name = 'user';

    // 设置可以批量赋值的字段列表
    protected $field = ['id', 'name', 'nickname', 'status'];
}
```

启动服务器，在浏览器中访问 http://localhost:8000/user/create，页面将提示"创建成功"。当然，
ThinkPHP 8 也提供批量赋值的方法：

```
$user = new User;
$user->save([
    'name' => 'Bruce Lee',
    'nickname' => 'Lee three foots',
    'status' => 1
]);
```

1. REPLACE语句插入

REPLACE 语句在数据库中通常用于插入新行或更新现有行。其工作原理类似于 INSERT 语句，但当新行与一个已有的行（根据 PRIMARY KEY 或 UNIQUE 索引）产生唯一性约束冲突时，旧行将被删除，然后新行被插入。因此，它可以视为一个删除（如果有需要）和插入的组合操作。

调用模型的 replace 方法可以进行 REPLACE 插入：

```
$user = new User;
$user->replace()->save([
    'username' => 'test',
    'password' => password_hash('test', PASSWORD_DEFAULT);
]);
```

2. 批量插入

调用模型实例的 saveAll 方法可以批量插入数据。当数据行包含主键时，ThinkPHP 8 会执行更新操作，否则执行插入操作，代码如下：

```
$user = new User;
$list = [
    ['name'=> 'test','age' => 20], // 识别为插入操作
    ['id' => 2,'name'=> 'test1','age' => 21], // 识别为更新操作
];
$user->saveAll($list);
```

3. create方法插入

使用模型类的 create 方法插入数据是一种常用的方法，它可以返回模型实例，代码如下：

```
$user = User::create([
    'name' => 'test',
    'age' => 20
]);
```

8.3   更新数据

save 方法会自动根据是否有主键来决定执行插入和更新操作，无须开发者手动调用更新方法。对于更新操作，一般需要先查询出模型实例，给对应的字段赋值，最后调用 save 方法更新数据，下面是一个示例：

```
$user = User::where('username','test')->find();
```

```
if(!empty($user)) {
    $user->age = 20;
    $user->save();
}
```

还可以使用模型类的 **update** 方法更新数据，返回对应的模型实例：

```
User::update(['age' => 20], ['id' => 1]);
```

8.4 删除数据

使用模型来删除数据，会执行模型的事件处理逻辑；而直接使用查询构造器删除数据，则不会执行模型的事件处理逻辑。下面是几种删除数据的方法：

```
$user = User::find(1);
$user->delete();                        // 调用模型实例的 delete 方法

User::destroy(1);                       // 静态方法删除
User::destroy([1,2,3]);                 // 支持批量删除多个数据

User::where('age', '<', 20)->delete(); // 基于 where 条件删除
```

8.5 查询数据

使用模型查询数据与使用查询构造器查询数据的操作方法类似，区别是查询构造器需要指定数据表名称，而模型则不需要在查询时指定，而是在模型定义时指定。

1. 获取单行数据

```
// 根据主键查询
$user = User::find(1);
echo $user->username;

// 使用查询表达式查询
$user = User::where('username', 'test')->find();
echo $user->age;
```

2. 获取多行数据

```
// 使用主键查询
$users = User::select([1,2,3]);
foreach($list as $key => $user){
    echo $user->username, PHP_EOL;
}
// 使用查询构造器查询
$list = User::where('status', 1)
```

```
->limit(10)
->order(['id'=>'desc')
->select();
foreach($list as $key => $user){
    echo $user->username, PHP_EOL;
}
```

8.6　JSON 数据的操作

在 7.3.7 节中，我们学习了通过调用 json()方法来设置 JSON 字段。然而，每次操作 JSON 字段都需要调用 json()方法显得有些烦琐，为了简化这一过程，我们可以使用模型的$json 属性来直接进行操作，示例如下（读者可以自行编写一个简单的控制器来测试示例）：

```php
<?php
namespace app\model;

use think\Model;
class User extends Model
{
    protected $json = ['address'];
    protected $jsonAssoc = true; // 可选
    protected $jsonType = [ // 设置字段类型
        'address->code' =>  'int'
    ];
}
```

上例中，$jsonAssoc 属性是用来控制 JSON 字段的返回类型，其默认值为 false，返回对象形式，我们可以将$jsonAssoc 属性设置为 true，使其通过数组方式操作 JSON 字段。

$jsonType 字段和$type 字段类似，用来指定 JSON 子字段的数据类型，在不指定的情况下，默认都视为 STRING。上面的示例中，我们指定了 address->code 为整型。

1. 查询操作

下面是一个查询省份为北京市的用户示例：

```php
$user = User::where('address->province', '北京市')->find();
echo $user->username;                  // test
echo $user->address->code;             // 100000
echo $user->address-> province;        // 北京市
// 下面设置$jsonAssoc 为 true 的示例
echo $user->address['code'];           // 100000
echo $user->address['province'];       // 北京市
```

在示例中，$user->address['code']中的 "->" 是访问模型的 address 属性，['code']是使用数组形式访问 address 这个 JSON 属性的 code 字段。

2. 更新操作

下面是一个更新用户地址的示例：

```
$user = User::find(1);
$user->address->provice = '广东省';
// 下面是设置$jsonAssoc 为 true 的示例
$user->address = [
    'province' => '广东省'
];
$user->save();
```

3. 插入操作

下面是一个新增用户的示例：

```
$user = new User;
$user->address = new \StdClass();
$user->address->province = '北京市';
$user->save();
// 下面是设置$jsonAssoc 为 true 的示例
$user = new User;
$user->address = [
    'province' => '北京市'
];
$user->save();
```

通过预先定义$json 和$jsonAssoc 字段，可以减少一部分重复调用 json()方法的工作，进而提高开发效率。因此，我们建议各位读者将其纳入常见开发实践中，使自己的开发更加高效！

8.7 获取器

获取器是为了对数据库的原始数据进行处理。比如，我们有个 status 字段，数据库存储的是数字，而展示时需要展示具体的中文状态，此时就可以使用获取器来处理。

获取器是定义在模型中的公共方法，方法签名如下：

```
public function getFieldAttr($value[, $data])
```

- field：表示数据表字段，遵循驼峰命名，比如 status 字段的获取器方法名为 getStatusAttr($value)，而 user_type 字段的获取器方法名为 getUserTypeAttr($value)。
- $value：表示字段对应的值，也就是从数据表查到的值。
- $data：表示整行数据的值，类型是数组。

通过以下操作可以调用获取器方法：

- 获取模型属性($model->field)。
- 模型序列化操作($model->toArray 和$model->toJson())。

- 手动调用getAttr方法($model->getAttr('status'))。

下面是一个获取用户状态的示例：

```php
<?php
namespace app\model;

use think\Model;

class User extends Model
{
    public function getStatusAttr($value)
    {
        $statusMap = [
            0 => '未激活',
            1 => '正常',
            2 => '禁用'
        ];
        return $statusMap[$value];
    }
}
// 查询操作
$user = User::find(1);
echo $user->status; // 数据库中 status 字段为1时，会输出"正常"
```

获取器支持访问数据表不存在的字段，从本质上来说，获取器是 PHP 的__get()魔术方法。

下面是一个获取可读的用户状态示例：

```php
<?php
namespace app\model;

use think\Model;

class User extends Model
{
    public function getDisplayStatusAttr($value, $data)
    {
        $statusMap = [
            0 => '未激活',
            1 => '正常',
            2 => '禁用'
        ];
        return $statusMap[$data['status']];
    }
}
// 查询操作
$user = User::find(1);
echo $user->display_status; // 输出"正常"
```

由于 getDisplayStatusAttr 中 display_status 是数据表不存在的字段，因此$value 为空，我们需要手动访问$data['status']字段。

获取数据库原始数据

在某些情况下，我们定义了属性获取器之后，可能仍然需要访问数据库中对应字段的原始数据。此时，可以利用模型的 getData 方法来实现。例如，在前面提到的 getStatusAttr 示例中，我们通过获取器覆盖了 status 属性的值。若要获取数据库中 status 字段的原始数据，我们可以调用 getData('status')方法。

```php
$user = User::find(1);
echo $user->getData('status');
```

笔者建议定义不同的获取器名称，不要直接覆盖数据表字段，以避免引起潜在漏洞。

8.8　修改器

与获取器相反，修改器主要是为了方便操作模型，在模型中管理与数据库的操作，从而隔离业务逻辑代码和数据库操作，实现解耦。

修改器语法如下，该方法的返回值为该字段新值：

```php
public function setFieldAttr($value[, $data])
```

field、$value、$data 的语法与获取器类似，这里不再赘述。

以下操作会调用修改器方法：

- 给模型属性赋值($model->status=1)。
- 调用模型的data方法且第二个参数传入true($user->data(['status' => 1], true))。
- 调用模型的save方法且传入数据($user->save(['status'=>1]))。
- 调用模型的setAttr方法。
- 调用模型的setAttrs方法。

下面是一个创建用户时自动添加密码的示例：

```php
public function setPasswordAttr($value)
{
    return password_hash($value, PASSWORD_DEFAULT);
}
```

实际上，修改器本质上是 PHP 的__set()魔术方法，因此我们也可以对不存在的字段赋值。下面是一个对 display_status 使用修改器的示例：

```php
<?php
namespace app\model;

use think\Model;

class User extends Model
{
    public function setDisplayStatusAttr($value, $data)
```

```
    {
        $statusMap = [
            '未激活' => 0,
            '正常' => 1,
            '禁用' => 2
        ];
        $this->set('status', $statusMap[$value]);
    }
}
```

8.9   搜索器

搜索器的主要作用是封装搜索条件，简化查询代码。搜索器与获取器以及修改器都是类似的，语法如下：

```
public function searchFieldAttr($query, $value[, $data])
```

field、$value、$data 与获取器以及修改器语法类似，这里不做赘述。

$query 是查询构造器实例，在前面的章节中我们学习了如何使用查询构造器进行数据库操作。

下面是一个模糊搜索用户昵称以及创建时间的示例：

```php
<?php
namespace app\model;

use think\Model;

class User extends Model
{
    public function searchNicknameAttr($query, $value, $data)
    {
        $query->where('nickname','like', '%'.$value . '%');
    }

    public function searchCreatedAtAttr($query, $value, $data)
    {
    $query->where('created_at','between', $value[0], $value[1]);
    }
}
```

查询示例代码如下：

```php
User::withSearch(['nickname','created_at'], [
    'nickname'      =>  'test',
    'create_time'   =>  ['2024-01-01','2024-01-31'],
    'username'      =>  'zhangsan'
])
    ->select();
```

最终执行的 SQL 语句如下：

```
SELECT * FROM `think_user` WHERE `nickname` LIKE '%test%' AND `created_at`
BETWEEN '2024-01-01 00:00:00' AND '2024-01-31 00:00:00'
```

username 由于不在 withSearch 方法中被 ThinkPHP 8 过滤，因此可以避免非法查询条件以及数据库注入问题。

8.10 软删除

在工程实践中，为了审计，用户删除数据时不会直接删除数据库中的数据，而是打上一个删除标记，用户无法再访问到该数据。使用软删除需要引入 think\model\concern\SoftDelete 这个 trait[1]，并定义软删除字段。下面是一个用户模型的软删除示例：

```php
<?php
namespace app\model;

use think\Model;
use think\model\concern\SoftDelete;

class User extends Model
{
    use SoftDelete;
    protected $deleteTime = 'deleted_at';
}
```

1. 删除数据

引入软删除 trait 后，模型的操作会发生变化，下面是一些示例：

```php
// 软删除
User::destroy(1);
// 真实删除
User::destroy(1,true);
// 查询不包含软删除数据
$user = User::find(1);
// 软删除
$user->delete();
// 真实删除
$user->force()->delete();
```

2. 查询数据

SoftDelete 覆盖了查询行为，只有显示执行包含软删除数据，才会查找到软删除数据。

```php
User::find(1);                          // 查询单行数据（不含软删除）
```

---

[1] trait 是为类似 PHP 的单继承语言而准备的一种代码复用机制。参见 https://www.php.net/traits。

```
User::select([1,2,3]);                       // 查询单行数据（不含软删除）
User::withTrashed()->find(1);                // 查询单行数据（含软删除）
User::withTrashed()->select([1,2,3]);        // 查询多行数据（含软删除）
User::onlyTrashed()->find(1);                // 查询单行数据（只含软删除）
User::onlyTrashed()->select([1,2,3]);        // 查询多行数据（只含软删除）
```

3. 恢复数据

由于软删除只是给数据打上删除标记，该数据在数据库系统中还是存在的，因此可以实现数据恢复功能。软删除恢复数据代码如下：

```
$user = User::onlyTrashed()->find(1);
$user->restore();
```

8.11 时间戳管理

在工程实践中，通常所有数据表都会包含数据创建时间和最后更新时间的字段。我们部门遵循的规范是使用 created_at 和 updated_at 这两个字段，其数据类型为 datetime。在数据的创建和更新过程中，手动设置这两个字段的值可能会显得有些烦琐。幸运的是，ThinkPHP 8 的模型提供了自动设置时间戳的功能。要启用这一功能，只需在 config/database.php 配置文件中将 auto_timestamp 设置为 datetime。此外，你也可以将其设置为 int、timestamp 或 date 等格式，ThinkPHP 8 将会自动处理创建时间和更新时间的写入操作。

对于那些不需要自动管理时间戳的数据表，可以通过覆盖模型类的$autoWriteTimestamp 属性并将其设置为 false 来禁用这一功能。示例如下：

```php
<?php
namespace app\model;

use think\Model;

class User extends Model
{
    protected $autoWriteTimestamp = false;
}
```

如果数据表的时间戳字段名称不是 create_time 和 update_time，我们可以覆盖模型类的$createTime 和$updateTime 属性。

```php
<?php
namespace app\model;

use think\Model;

class User extends Model
{
    // 定义时间戳字段名
```

```
    protected $createTime = 'created_at';
    protected $updateTime = 'updated_at';
}
```

8.12 只读字段

只读字段，如用户名之类的，只有在创建用户时才允许写入，而且不允许更改。这种情况下，我们可以使用模型类的 readonly 属性来满足该场景。

```php
<?php
namespace app\model;

use think\Model;

class User extends Model
{
    protected $readonly = ['username'];
}
```

当执行模型更新操作时，ThinkPHP 8 会自动过滤对 username 的赋值操作。

```php
$user = User::find(1);
$user->username = 'test';
$user->email = 'example@example.com';
$user->save();
```

在上面的示例中，只有 email 字段会成功更新到数据库。

8.13 关联模型

关系数据库中的关联关系是其核心组成部分之一，它们可以确保数据的一致性、优化查询语句、实现复杂的业务逻辑等。通过定义关联关系，可以使得不同表之间存在明确的对应关系，从而更好地反映业务需求。

在工程实践中，一般有一对一、一对多、多对多三种关联关系。

- 一对一：每个主实体最多有一个关联实体，每个关联实体最多有一个主实体。比如，每个用户只有一个用户资料。
- 一对多：每个主实体都有多个关联实体，每个关联实体最多有一个主实体。比如，每个用户有多个地址，每个地址属于一个用户。
- 多对多：每个实体都有多个关联实体，每个关联实体可以有多个主实体。比如，一篇文章有多个标签，一个标签可以有多篇文章。多对多关联需要单独的关系表存储关联关系。

在主模型中定义关联模型需要定义一个方法，方法名称为关联对象名称（也就是我们在代码中使用主模型→关联对象→关联模型的属性），方法内调用对应的关联方法即可。

```
public function 关联对象() {
    return 关联定义;
}
```

8.13.1　一对一关联

每个主模型有一个关联模型，可以选择在主模型添加外键或者在关联模型添加外键，在模型中使用 hasOne 方法定义。下面以用户模型和用户资料模型的示例来演示一对一关联，用户表参见 8.1 节，这里再创建一个用户资料表 profile 并加入一条 id 为 1 的记录（可以使用 MySQL Workbench 工具来操作表及其数据，学习起来相对方便），SQL 语句如下：

```
CREATE TABLE `profile` (
  `id` int NOT NULL,
  `mobile` varchar(45) DEFAULT NULL,
  `email` varchar(45) DEFAULT NULL,
  PRIMARY KEY (`id`)
) ENGINE=InnoDB DEFAULT CHARSET=utf8mb3;
INSERT INTO `mydb`.`profile`(`id`,`mobile`,`email`)
VALUES(1 ,'13701352990','tom@163.com' );
```

1. 用户模型

用户模型的示例如下：

```
<?php
namespace app\model;

use think\Model;

class UserModel extends Model
{
    protected $table = 'users';
    // 设置字段信息
    protected $schema = [
        'id'        => 'int',
        'name'      => 'string',
        'nickname'  => 'string',
        'status'    => 'int',
    ];

    public function profile()
    {
        return $this->hasOne(ProfileModel::class, 'id'); // hasOne
    }
}
```

在 ThinkPHP 8 中默认会使用 profile 数据表的 id 作为关联键，可以在定义关联关系时指定。比如，上面代码中我们指定 id 为 profile 的关联键：

```
return $this->hasOne(ProfileModel::class, 'id');
```

2. 属性模型

属性模型的示例如下：

```php
<?php
namespace app\model;

use think\Model;

class ProfileModel extends Model
{
    protected $table = 'profile';
    // 设置字段信息
    protected $schema = [
        'id'     => 'int',
        'mobile' => 'string',
        'email'  => 'string',
    ];
}
```

3. 关联查询

关联查询的示例如下：

```php
<?php
namespace app\controller;

use think\Model;
use app\model\UserModel;
use app\model\ProfileModel;

class User {
    public function one2one()
    {
        $user = UserModel::find(1);
        // 输出用户资料中的电子邮箱
        return $user->profile->email;
    }
}
```

上面 2 个模型 1 个控制器完成后，运行服务器，在浏览器中访问 http://localthost:8000/user/one2one，可以查询出 id 为 1 的用户的电子邮箱。

4. 根据关联数据查询

上面的示例中，我们是基于主模型进行查询的，那么也可以根据关联模型进行查询。
下面是查询昵称为 admin 开头的用户示例：

```php
$users = User::hasWhere('profile', function(Query $query) {
    $query->where('email', 'like', 'tom%');
})->select();
```

5. 关联预载入

默认情况下，只有在访问关联模型的属性时，才会查询关联模型数据。比如下面的示例中，如果有 10 个$users，将产生 11 条查询（1 条查询主模型列表，10 条查询用户资料），这就是著名的数据库 N+1 问题。

```
$users = UserModel::select();
foreach ($users as $user) {
    echo $user->profile->email;
}
```

使用以下两种方案解决 N+1 问题：

（1）两次查询。第一次查询用户列表，取得用户 ID 列表，第二次使用 IN 查询方法查询用户资料。

（2）连表查询。直接使用数据库 JOIN 语句同时查询用户和用户资料。

ThinkPHP 8 对上面两种方法都有对应的实现。

6. 两次查询

使用 with 方法传入关联名称即可，示例如下：

```
$users = UserModel::with('profile')->select();
foreach ($users as $user) {
    echo $user->profile->email;
}
```

如果需要自定义关联查询对象，则可以使用闭包，示例如下：

```
$users = UserModel::with(['profile'    => function(Query $query) {
    $query->field(['id','name','email']);
}])->select();
foreach ($users as $user) {
    echo $user->profile->email;
}
```

7. 连表查询

使用 withJoin 方法传入关联名称即可。示例如下：

```
$users = UserModel::withJoin('profile')->select();
foreach ($users as $user) {
    echo $user->profile->email;
}
```

withJoin 方法也支持闭包。示例如下：

```
$users = UserModel::withJoin(['profile'    => function(Query $query) {
    $query->field(['id','name','email']);
}])->select();
foreach ($users as $user) {
    echo $user->profile->email;
}
```

8. 关联保存

使用查询到的主模型或者新建主模型，然后操作关联模型即可。示例如下：

```
$user = UserModel::find(1);
$user->profile->email = 'example@example.com';
$user->profile->save();
```

9. 关联删除

使用主模型的 together 方法在删除主模型同时删除关联模型。示例如下：

```
$user->together(['profile'])->delete();
```

8.13.2　一对多关联

每个主模型都有多个关联模型，一般在关联模型添加一个外键实现，在模型中使用 hasMany 定义。下面是用户和地址的一对多关联示例。首先在 mydb 数据库中创建 address 表及其数据（表比较简单，我们赋予这表一个意义，即保存用户游玩过的省份。建议读者直接用 MySQL Workbench 工具快速完成），SQL 语句如下：

```
CREATE TABLE `address` (
  `aid` int NOT NULL AUTO_INCREMENT,
  `id` int NOT NULL,
  `province` varchar(45) COLLATE utf8mb3_unicode_ci NOT NULL,
  PRIMARY KEY (`aid`)
) ENGINE=InnoDB DEFAULT CHARSET=utf8mb3;
INSERT INTO `mydb`.`address`(`aid`,`id`,`province`) VALUES(1,1, '北京' );
INSERT INTO `mydb`.`address`(`aid`,`id`,`province`) VALUES(2,1, '上海' );
INSERT INTO `mydb`.`address`(`aid`,`id`,`province`) VALUES(3,1, '广东' );
```

1. 用户模型

用户模型示例如下：

```php
<?php
namespace app\model;

use think\Model;

class UserModel extends Model
{
    protected $table = 'users';
    // 设置字段信息
    protected $schema = [
        'id'        => 'int',
        'name'      => 'string',
        'nickname'   => 'string',
        'status' => 'int',

    ];
```

```php
    public function profile()
    {
        return $this->hasOne(ProfileModel::class,'id'); // hasOne
    }
    // 在一对一关联示例代码的基础上，再加一个一对多关联方法
    public function addresses()
    {
        return $this->hasMany(AddressModel::class, 'id'); // hasMany
    }
}
```

2. 地址模型

地址模型示例如下：

```php
<?php
namespace app\model;

use think\Model;

class AddressModel extends Model
{
    protected $table = 'address';
    // 设置字段信息
    protected $schema = [
        'aid'        => 'int',
        'id'         => 'int',
        'province'   => 'string',

    ];
}
```

3. 关联查询

由于只有同一个数据库的数据表可以与表相连，因此在分库分表的场景下，笔者建议使用 with 查询两次的方法。

```php
<?php
namespace app\controller;

use think\Model;
use app\model\UserModel;
use app\model\ProfileModel;

class User {
    public function one2many()
    {
        $users = UserModel::with('addresses')->select();

        foreach ($users as $user) {
            foreach($user->addresses as $address) {
                print_r($user->name.', '. $address->province.'<br>');
```

```
            }
        }
    }
}
```

上面 2 个模型 1 个控制器完成后,运行服务器,在浏览器中访问 http://localhost:8000/user/one2many,可以关联查询出 id 为 1 的用户所有游玩过的省份。

4. 关联保存

使用关联模型的 saveAll 方法保存关联数据。下面是批量保存地址的示例:

```
$user = UserModel::find(2);
$user->addresses()->saveAll([
    ['province'=>'北京'],
    ['province'=>'上海'],
]);
```

5. 关联删除

和一对一关联相同,一对多关联也使用 together 方法删除关联数据。示例如下:

```
$user->together(['addresses'])->delete();
```

8.13.3 多对多关联

多对多关联属于比较复杂的关联,需要借助一个中间表实现,在模型中使用 belongsToMany 定义。在介绍 ThinkPHP 8 的多对多语法之间,我们先来看一个示例,以加深对多对多关联的理解。

比如我们开发一个博客系统,每篇文章可以关联多个标签,每个标签可以关联多篇文章,涉及的数据表如表 8-1~表 8-3 所示。

表 8-1 文章表

文章 ID	标 题	内 容
1	PHP 教程	PHP 教程
2	ThinkPHP 教程	ThinkPHP 教程

表 8-2 标签表

标签 ID	标签名称
1	PHP
2	ThinkPHP

表 8-3 文章和标签关联表

ID	文章 ID	标签 ID
1	1	1
2	2	1
3	2	2

如果我们需要查询 ThinkPHP 教程这篇文章关联了哪些标签,可以用文章 ID 从文章标签关联表

获得标签 ID 列表[1,2]，再从标签表查询[1,2]的标签得到 PHP 和 ThinkPHP。

查询 PHP 这个标签关联了哪些文章也是类似的，先用标签 ID 从文章标签关联表获得文章 ID 列表[1,2]，再从文章表查询到两篇文章。

下面是文章标签多对多关联的 ThinkPHP 8 模型示例。首先根据上面 3 个表格创建数据表，SQL 语句如下：

```sql
CREATE TABLE `article` (
  `aid` int NOT NULL AUTO_INCREMENT,
  `title` varchar(45) NOT NULL,
  `content` varchar(45) NOT NULL,
  PRIMARY KEY (`aid`)
) ENGINE=InnoDB DEFAULT CHARSET=utf8mb3;
CREATE TABLE `tag` (
  `tid` int NOT NULL AUTO_INCREMENT,
  `tname` varchar(45) COLLATE utf8mb3_unicode_ci NOT NULL,
  PRIMARY KEY (`tid`)
) ENGINE=InnoDB DEFAULT CHARSET=utf8mb3 COLLATE=utf8mb3_unicode_ci;
CREATE TABLE `articletag` (
  `aid` int NOT NULL,
  `tid` int NOT NULL,
  PRIMARY KEY (`id`)
) ENGINE=InnoDB AUTO_DEFAULT CHARSET=utf8mb3 COLLATE=utf8mb3_unicode_ci;
```

再使用 MySQL Workbench 工具，按表 8-1~表 8-3 给出的数据手工填充数据表。接下来就可以编写多对多关联示例代码了。

1. 文章表

文章表示例如下：

```php
<?php
namespace app\model;

use think\Model;

class ArticleModel extends Model
{
    protected $pk = 'aid'; // 一定要声明主键
    protected $table = 'article';
    // 设置字段信息
    protected $schema = [
        'aid'          => 'int',
        'title'        => 'string',
        'content'      => 'string',
    ];

    public function tags()
    {
        return $this->belongsToMany(TagModel::class,
ArticleTagModel::class ,foreignKey:'aid',localKey:'aid');
```

```
    }
}
```

2. 标签表

标签表示例如下：

```php
<?php
namespace app\model;

use think\Model;

class TagModel extends Model
{
    protected $pk = 'tid'; // 一定要声明主键
    protected $table = 'tag';
    // 设置字段信息
    protected $schema = [
        'tid'            => 'int',
        'tname'  => 'string',
    ];

    public function articles()
    {
        return $this->belongsToMany(ArticleModel::class,
ArticleTagModel::class,foreignKey:'tid',localKey:'tid' );
    }
}
```

3. 文章标签关联表

需要注意的是，中间表模型需要继承 think\model\Pivot，而不是使用默认的 think\Model，示例如下：

```php
<?php
namespace app\model;
//中间表模型需要继承 think\model\Pivot
use think\model\Pivot;

class ArticleTagModel extends Pivot
{
    protected $table = 'articletag';
    // 设置字段信息
    protected $schema = [
        'aid'     => 'int',
        'tid'     => 'int',
    ];
}
```

4. 关联查询

关联查询示例如下：

```
use think\Model;
use app\model\ArticleModel;
use app\model\TagModel;

class Article
{
    public function many2many()
    {
        $article = ArticleModel::with(['tags'])->find(1);
        //$article = ArticleModel::with(['tags'])->select();
        //print_r( $article);
        //print_r( $article->tags );

        foreach($article->tags as $tag) {
            echo $tag->tname, PHP_EOL;
        }
    }
}
```

上面 3 个模型 1 个控制器完成后，运行服务器，在浏览器中访问 http://localthost:8000/article/many2many，可以关联查询出 aid 为 1 的文章，以及其标签有哪些。

5. 关联保存

如果标签数据还没创建，可以传入标签数据新建标签。

```
$article = ArticleModel::find(1);
$article->tags()->saveAll([
    ['tname'=>'PHP'],
    ['tname'=>'ThinkPHP'],
]);
```

如果已经有现成的标签，直接传入标签 ID（tid）即可。

```
$article = ArticleModel::find(1);
$article->tags()->saveAll([1,2]);
```

8.14   小结

本章主要学习了 ThinkPHP 8 框架中的模型，涉及基础的 CURD 操作以及使用模型的获取器、修改器和搜索器三大工具来简化代码逻辑。这些工具不仅提升了代码的可读性和效率，还使得数据处理更为直观和灵活。

关联模型帮助我们理解了一对一、一对多和多对多这三种不同的数据库关联方式，为复杂的业务需求建模提供了基础。

此外，我们进一步了解了模型的软删除功能和时间戳管理，它们为数据安全提供了额外的保障。

第 9 章

视　　图

在 Web 开发框架中，视图扮演着至关重要的角色。它是用户界面（UI）的直接体现，负责将数据以直观、易于理解的方式呈现给用户。从表面上理解，控制器提供信息和访问链接，而视图提供页面信息的展示方式。ThinkPHP 8 作为当前流行的 PHP 框架之一，其视图系统不仅提供了强大的功能，还拥有灵活的使用方法。

在本章中，我们将介绍以下主要内容：

- 视图赋值与渲染
- PHP模板语法

9.1　视图赋值与渲染

在控制器操作中，使用 view 函数可以传入视图变量并渲染模板，其语法如下：

```
view(视图名称, 模板变量);
```

需要注意的是，默认情况下生成的应用会采用 Think 模板驱动，ThinkPHP 8 并不内置该驱动类，因此建议使用 PHP 语法进行模板渲染，而不是私有的 ThinkPHP 语法。

编辑 config/view.php 视图文件配置，示例如下：

```
return [
    // 模板引擎类型使用 Think
    'type'          => 'php',
    // 默认模板渲染规则 1 解析为小写+下划线 2 全部转换小写 3 保持操作方法
    'auto_rule'     => 1,
    // 模板目录名
    'view_dir_name' => 'view',
    // 模板后缀
    'view_suffix'   => 'php',
    // 模板文件名分隔符
```

```
            'view_depr'    => DIRECTORY_SEPARATOR,
];
```

上面配置文件中，注意"'view_suffix'　=> 'php',"，表示视图文件后缀名为".php"，我们可以把这个后缀名改为".html"，表示视图文件的后缀名为".html"，具体格式读者可自行研究。为了统一和方便掌握，本书的视图文件后缀名统一配置成"php"进行讲解。

【示例 9-1】

本示例演示 Index 控制器的 index 方法操作渲染视图，我们通过 index 方法向 index 视图传递了 name 和 content 两个模板变量：

```php
<?php
//本文件为 app/controller/Index.php
namespace app\controller;

class Index
{
    public function index()
    {
        return view('index',[
            'name' => '标题',
            'content' => '内容'
        ]);
    }
}
```

对应的模板文件路径为 app/view/index/index.php 文件（注意文件所在的目录），示例如下：

```php
<h1><?=$name?></h1>
<h2><?=$content?></h2>
```

执行 php think run 命令运行开发服务器，在浏览器中访问 http://127.0.0.1:8000，页面上成功输出"标题"和"内容"的字样。

9.2　PHP 模板语法

PHP 是一种服务器端脚本语言，主要用于 Web 开发。本节将讲解 PHP 模板中一些基本的渲染语法，读者可以直接将这些语法修改到上一节的示例代码中进行测试，以方便查看效果并掌握用法。

1. 渲染变量

在 PHP 中，可以通过使用<?php ?>标签和<?= ?>标签来输出变量。下面两种语法都是合法的：

```php
<?php echo $name; ?>
<?=$name?>
```

2. 表达式输出

除了变量，PHP 也可以输出表达式的结果。例如，计算两个数之和：

```php
<?php echo $a + $b; ?>
<?=$a + $b?>
```

3. 条件判断

PHP 提供了 if、elseif 和 else 语句来进行条件判断。语法如下，每个分支结尾都需要使用英文冒号 ":" 。

```php
<?php if ($condition): ?>
    <!-- 条件为真时的代码 -->
<?php elseif ($another_condition): ?>
    <!-- 另一个条件为真时的代码 -->
<?php else: ?>
    <!-- 所有条件都不为真时的代码 -->
<?php endif; ?>
```

4. 循环

PHP 支持多种循环结构，如 for、foreach、while 和 do-while。

以下是 foreach 循环的一个示例，用于遍历数组：

```php
<?php foreach ($array as $value): ?>
    <!-- 每次循环输出数组中的一个值 -->
    <?php echo $value; ?>
<?php endforeach; ?>
```

下面是一个 foreach 循环的完整示例，用于演示基本的视图渲染语法。

【示例 9-2】

1）控制器代码

在实际开发中，$users 一般是通过数据库查询得到，这里为了演示，使用了手动构造的数据。

```php
<?php
//本文件为 app/controller/Index.php
namespace app\controller;

class Index
{
    public function index()
    {
        $users = [
            ['id' => 1, 'name' => '张三', 'age' => 20, 'gender' => 1],
            ['id' => 2, 'name' => '李四', 'age' => 21, 'gender' => 2],
            ['id' => 3, 'name' => '王五', 'age' => 22, 'gender' => 1]
        ];
        return view('index', [
            'users' => $users
        ]);
```

```
    }
}
```

2）视图代码

新建 app/view/index/index.php 文件，代码如下：

```
<h1>用户列表</h1>
<ul>
    <?php foreach ($users as $user): ?>
        <li><?= $user['id'] ?> | <?= $user['name'] ?> | <?= $user['age'] ?> |
            <?php if ($user['gender'] === 1): ?>
                男
            <?php else: ?>
                女
            <?php endif; ?>
        </li>
    <?php endforeach; ?>
</ul>
```

3）渲染结果

在浏览器中访问 http://127.0.0.1:8000，结果如图 9-1 所示。掌握了这个示例之后，读者可以尝试从前面章节演示使用的 mydb 数据库中，将 users 表中的记录查询出来并显示在视图上。

图 9-1

9.3　小结

本章我们探讨了视图在 Web 开发中的核心作用，以及如何在 ThinkPHP 8 框架下有效地使用视图。我们学习了视图赋值与渲染的基本方法，包括如何通过 view 函数将数据从控制器传递到视图，并使用 PHP 模板语法来动态地展示这些数据。通过本章的学习，我们掌握了如何在视图中渲染变量、表达式、条件判断以及循环，这些都是构建动态 Web 页面不可或缺的技能。

第 10 章

异常管理与日志系统

随着现代 Web 应用复杂度的不断提升，掌握异常处理和日志记录的技能显得尤为重要。这些技能是确保 Web 应用稳定运行和维护性的重要组成部分，它们如同指南针，在代码的汪洋中指引我们及时发现并解决问题。本文将深入分析 ThinkPHP 8 框架的异常管理机制和日志系统，探讨如何高效地捕获、记录和处理异常，以及如何通过日志监控来维护应用的健康运行。

在本章中，我们将介绍以下主要内容：

- 异常管理（包括异常处理、抛出异常和捕获异常等）
- 日志系统（包括日志写入、输出通道等）

10.1 异常管理

通常情况下，PHP 代码发生异常会直接输出错误，一般会包含关键信息（比如代码路径）：

```
Parse error: syntax error, unexpected token "namespace" in
/var/www/chapter03/public/index.php on line 13
```

ThinkPHP 框架优化了异常展示，如果是开发环境，会直接显示异常信息，我们根据异常堆栈一般能直接解决问题，如图 10-1 所示。

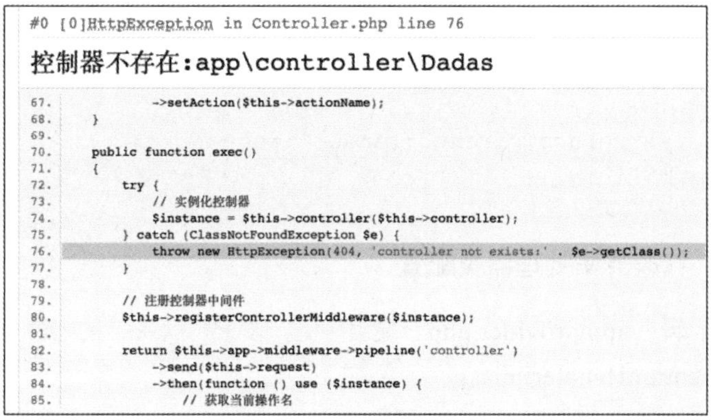

图 10-1

如果是生产环境，则会隐藏敏感信息，如图 10-2 所示。

页面错误！请稍后再试～

ThinkPHP V8.0.3 { 十年磨一剑-为API开发设计的高性能框架 } - 官方手册

图 10-2

10.1.1 自定义异常处理器

默认情况下，框架会使用 app\ExceptionHandle 类作为异常处理器。某些情况下我们需要自定义异常处理逻辑，比如强制输出 JSON 响应。接下来，我们将学习如何使用自定义的异常处理器。

1. 新建异常处理类

自定义异常处理类必须继承 think\exception\Handle，并覆盖 render 方法。下面看一个示例。

【示例 10-1】

新建 app\exception\MyExceptionHandler.php 文件，对于 HttpException，我们强制输出为 JSON，示例如下：

```php
<?php
namespace app\exception;

use think\exception\Handle;
use think\Request;
use think\Response;
use Throwable;

class MyExceptionHandler extends Handle
{
    public function render(Request $request, Throwable $e): Response
    {
        if ($e instanceof \think\exception\HttpException) {
            return json([
                'errcode' => $e->getStatusCode(),
                'errmsg' => $e->getMessage()
            ]);
        }
        return parent::render($request, $e);
    }
}
```

2. 修改异常处理器类配置

编辑 app\provider.php 文件，修改默认的异常处理器类为 \app\exception\MyExceptionHandler::class，示例如下：

```php
<?php
```

```php
use app\Request;

// 容器 Provider 定义文件
return [
    'think\Request'          => Request::class,
    'think\exception\Handle' => \app\exception\MyExceptionHandler::class,
];
```

3. 验证

编辑 app\controller\Index.php 文件，在 index 方法抛出异常验证自定义异常处理器是否工作。示例如下：

```php
<?php
// 控制器
namespace app\controller;

use think\exception\HttpException;

class Index
{
    public function index()
    {
        throw new HttpException(404,'Not Found');
    }
}
```

在浏览器中访问 http://localhost:8000，页面输出如下：

```
{"errcode": 404,"errmsg": "Not Found"}
```

10.1.2 抛出和捕获异常

在 ThinkPHP 中，抛出异常和捕获异常的语法和 PHP 一致，一般情况下，我们抛出 think\exception\ HttpException 即可。下面是一个抛出异常和捕获异常的示例，当捕获异常后不会再往上级抛出，因此不会执行异常处理器代码。

【示例 10-2】

新建 app/controller/Index.php 文件，代码如下：

```php
<?php
// 控制器
namespace app\controller;

use think\exception\HttpException;

class Index
{
    public function index()
    {
```

```
            try {
                throw new HttpException(404, 'Not Found');
            } catch (HttpException $e) {
                return json([
                    'errcode' => $e->getStatusCode(),
                    'errmsg' => $e->getMessage(),
                    'type' => 'HTTP'
                ]);
            } catch (\Throwable $e) {
                return json([
                    'errcode' => $e->getCode(),
                    'errmsg' => $e->getMessage(),
                    'type' => 'Throwable'
                ]);
            }
        }
    }
```

输出结果如下：

```
{
"errcode": 0,
"errmsg": "Class \"app\\controller\\HttpException\" not found",
"type": "Throwable"
}
```

在工程实践中，笔者一般只抛出异常，通过自定义异常处理器来统一处理异常，优化代码结构以及统一保存异常现场，便于事后进行排查。

10.2　日志系统

在构建稳定可靠的软件时，日志系统是不可或缺的工具。日志记录了应用程序的运行轨迹，为开发者提供了追踪问题、分析性能和优化用户体验的宝贵信息。在接下来的内容中，我们将探索如何高效地利用 ThinkPHP 8 的日志系统，让开发和维护变得更加透明和高效。

10.2.1　术语解释

在学习日志系统之前，我们先来学习下 ThinkPHP 8 中日志系统的几个基本概念。

- 日志通道：日志输出的目的地。比如，INFO日志输出到文件，ERROR日志输出到邮件等。
- 日志级别：根据日志配置，某些级别的日志会输出到日志通道。
- 日志驱动：最终处理日志内容的组件。比如文件、数据库等，可以配置多个日志通道使用同一个日志驱动。

10.2.2　日志写入

ThinkPHP 的日志门面 think\facade\Log 提供了 write 和 record 两个方法写入日志，区别如下：

- record方法：将日志写入内存缓冲区，在请求结束时会统一缓冲到对应的日志通道。
- write方法：直接将日志缓冲到对应的日志通道。

一般来说，Web 应用可以使用日志缓冲区提供性能，而命令行应用建议使用 write 方法防止内存溢出。

此外，ThinkPHP 8 还提供了基于日志级别的日志写入方法（这些方法都是基于 record 的包装），下面是一些示例，包括在日志中嵌入上下文的用法。

```
Log::info('这是一条 INFO 日志, 用户 ID 是 {uid}', ['uid' => 1']);
Log::warning('这是一条 WARNING 日志, 用户 ID 是 {uid}', ['uid' => 1']);
```

10.2.3　日志配置

日志的配置文件为 app/config/log.php，主要配置项如表 10-1 所示。

表 10-1　log.php 的主要配置项

key	说　明
default	默认日志通道
level	日志级别
type_channel	日志类型和通道映射，比如 error 日志使用 email 驱动
channels	通道列表

【示例 10-3】

在本示例中，我们将 error 日志输出到 myerror 日志通道，这是一个单文件的日志通道，文件名为 myerror，可以在 runtime/myerror.log 文件中看到日志内容。

```php
<?php
return [
    'default' => 'file',
    'level' => ['info', 'warning', 'error'],
    'type_channel' => [
        'error' => 'myerror',
    ],
    'close' => false,
    'processor' => null,
    'channels' => [
        'file' => [
            // 日志记录方式
            'type' => 'File',
            // 日志保存目录
            'path' => '',
            // 单文件日志写入
            'single' => false,
            // 独立日志级别
```

```
                'apart_level' => [],
                // 最大日志文件数量
                'max_files' => 0,
                // 使用 JSON 格式记录
                'json' => false,
                // 日志处理
                'processor' => null,
                // 关闭通道日志写入
                'close' => false,
                // 日志输出格式化
                'format' => '[%s][%s] %s',
                // 是否实时写入
                'realtime_write' => false,
            ],
            'myerror' => [
                // 日志记录方式
                'type' => 'File',
                // 日志保存目录
                'path' => '',
                // 单文件日志写入
                'single' => 'myerror',
                // 独立日志级别
                'apart_level' => [],
                // 最大日志文件数量
                'max_files' => 0,
                // 使用 JSON 格式记录
                'json' => false,
                // 日志处理
                'processor' => null,
                // 关闭通道日志写入
                'close' => false,
                // 日志输出格式化
                'format' => '[%s][%s] %s',
                // 是否实时写入
                'realtime_write' => false,
            ]
        ],
    ];
```

在使用上述配置时，如果使用 Log::error 记录错误日志，则会输出到 myerror 通道。

10.2.4　自定义日志通道

自定义日志通道非常简单，接下来我们看一个输出到自定义通道的示例。

【示例 10-4】

1）实现驱动类

新建 app/MyFileDriver.php 文件，实现日志接口，提供日志文件名和日志路径选项：

```
<?php
```

```php
/**
 * File: MyFileDriver.php
 * User: xialeistudio
 * Date: 2024/6/24
 **/
namespace app;

use think\App;
use think\contract\LogHandlerInterface;

class MyFileDriver implements LogHandlerInterface
{
    protected $config = [
        'filename' => 'app.log',
        'path' => ''
    ];

    public function __construct(App $app, $config = [])
    {
        if (is_array($config)) {
            $this->config = array_merge($this->config, $config);
        }
        if (empty($this->config['path'])) {
            $this->config['path'] = $app->getRuntimePath() . 'log';
        }
    }

    public function save(array $log): bool
    {
        $filename = $this->config['path'] . DIRECTORY_SEPARATOR .
$this->config['filename'];
        foreach ($log as $level => $lines) {
            foreach ($lines as $line) {
                file_put_contents($filename, $level . ' ' . $line . PHP_EOL,
FILE_APPEND);
            }
        }
        return true;
    }
}
```

2）新增日志通道配置

编辑 app/config/log.php 文件，修改 default、type_channel 和 channels 配置，代码如下：

```php
<?php
return [
    // 默认日志记录通道
    'default' => 'myfile',
    // 日志记录级别
    'level' => ['info', 'warning', 'error'],
```

```
    'type_channel' => [
        'error' => 'myfile',
    ],
    // 日志通道列表
    'channels' => [
        // 其他日志通道配置
        'myfile' => [
            'type' => \app\MyFileDriver::class,
            'filename' => 'myfile.log'
        ]
    ],
];
```

3）写入日志

编辑控制器代码，然后写入几条测试日志，代码如下：

```
class Index
{
    public function index()
    {
        Log::info('这是一条 INFO 日志 {user}', ['user' => 'test']);
        Log::write('这是一条 INFO 日志 2 {user}', 'info', ['user' => 'test']);
        Log::warning('这是一条 WARN 日志 {user}', ['user' => 'test']);
        Log::error('这是一条 ERROR 日志 {user}', ['user' => 'test']);
        Log::info('DB 日志 {user}',['user' => 'test']);
    }
}
```

4）查看日志

启动服务器，在浏览器中访问 http://localhost:8000，并使用文本编辑器查看 runtime/myfile.log 文件，内容如下所示：

```
error 这是一条 ERROR 日志 test
```

感兴趣的读者可以自己开发数据库日志驱动来加深对日志的理解。

10.3　小结

通过本章的学习，读者应该能够掌握如何在 ThinkPHP 8 中实施异常管理和日志记录，无论是在开发环境还是生产环境中，都能够有效地监控和维护应用的健康状况。日志系统为我们提供了一种追踪问题和分析性能的手段，而异常管理则确保了我们能够及时响应和处理运行时错误。这两者的结合使用，是构建高质量 Web 应用的重要组成部分。

第 11 章

命令行应用开发

在软件开发中，命令行应用（CLI）是一种强大且灵活的工具，它允许开发者通过直接与操作系统交互来执行任务、完成自动化流程和构建复杂的系统。本章将从一个简单的示例开始，逐步构建起一个完整的命令行应用。在这个过程中，你将学习到如何设计命令行接口、解析参数与选项，以及运行你的命令行应用。

在本章中，我们将介绍以下主要内容：

- 命令行应用的入口
- 从零构建一个命令行应用

11.1 命令行应用的入口

在 ThinkPHP 8 应用的根目录下包含一个名为 think 的文件，这就是命令行应用的入口，其代码如下：

```php
#!/usr/bin/env php
<?php
namespace think;
// 命令行入口文件
// 加载基础文件
require __DIR__ . '/vendor/autoload.php';
// 应用初始化
(new App())->console->run();
```

上面代码中的第 1 行#!/usr/bin/env php 是一个通用的 Linux 脚本指定解释器语法，上面的示例中指定在环境变量中查找 php 命令执行当前脚本，所以当执行./think（Windows 下打开命令行窗口，执行 php think 命令）时，会执行 ThinkPHP 提供的命令行入口程序，输出如下：

```
version 8.0.3
```

```
Usage:
  command [options] [arguments]

Options:
  -h, --help            Display this help message
  -V, --version          Display this console version
  -q, --quiet           Do not output any message
      --ansi            Force ANSI output
      --no-ansi         Disable ANSI output
  -n, --no-interaction  Do not ask any interactive question
  -v|vv|vvv, --verbose  Increase the verbosity of messages: 1 for normal output,
2 for more verbose output and 3 for debug


Available commands:
  clear               Clear runtime file
  help                Displays help for a command
  list                Lists commands
  run                 PHP Built-in Server for ThinkPHP
  version             show thinkphp framework version
 make
  make:command      Create a new command class
  make:controller   Create a new resource controller class
  make:event        Create a new event class
  make:listener     Create a new listener class
  make:middleware   Create a new middleware class
  make:model        Create a new model class
  make:service      Create a new Service class
  make:subscribe    Create a new subscribe class
  make:validate     Create a validate class
 optimize
  optimize:route    Build app route cache.
  optimize:schema   Build database schema cache.
 route
  route:list        show route list.
 service
  service:discover  Discover Services for ThinkPHP
 vendor
 vendor:publish    Publish any publishable assets from vendor packages
```

11.2　从零构建一个命令行应用

上一节在执行 php think 命令的结果中，Available commands 下面列出的命令是框架提供的，可以用来提高我们的命令行应用开发效率。本节将学习如何从零构建一个命令行应用。

根据框架规范，每个命令都需要一个单独的类来承载。下面看一个示例。

【示例 11-1】

新建 app/command/Hello.php 文件，内容如下：

```php
<?php
/**
 * File: Hello.php
 * User: xialeistudio
 * Date: 2024/6/24
 **/
namespace app\command;

use think\console\Command;
use think\console\Input;
use think\console\input\Argument;
use think\console\Output;
use think\facade\Log;

class Hello extends Command
{
    protected function configure()
    {
        $this->setName('hello')
            ->addArgument('name', Argument::REQUIRED, '名称')
            ->addOption('upcase', null, null, '是否大写')
            ->setDescription('Hello World');
    }

    protected function execute(Input $input, Output $output)
    {
        $name = trim($input->getArgument('name'));
        if (empty($name)) {
            $output->error('名称不能为空');
            return;
        }
        $upcase = $input->getOption('upcase');
        $msg = 'Hello ' . $name;
        if ($upcase) {
            $msg = strtoupper($msg);
        }
        $output->writeln($msg);
        Log::error('这是一条错误日志 {name}', ['name' => $name]);
    }
}
```

上面代码中，configure 方法用来配置参数（Arguments）、选项（Options）、注册命令以及执行命令。其中参数和选项是一个比较容易混淆的概念，下面解释一下它们的区别。

1）参数

● 参数通常指直接跟在命令后面的值，它们是命令执行所必需并且有用的数据。

- 参数可以是文件名、路径、需要处理的数据等，它们按照在命令行中出现的顺序被程序接收。
- 参数没有前置标识符，直接放置在命令行中即可。

例如，在以下命令中，example.txt 是一个参数：

```
cat example.txt
```

2）选项

- 选项用于修改命令的行为或提供额外的指令给程序。
- 选项通常以短横线（-）或双横线（--）开始，后跟一个关键字，有时还可以跟一个值。
- 短选项通常只使用单个字符，如 -a；而长选项则使用完整的单词，如--append。

例如，在以下命令中，-v 和-o output.txt 是选项：

```
ls -l --human-readable
```

这里，-l 是一个短选项，表示长列表格式；--human-readable 是一个长选项，用来以更易读的方式显示文件大小。

3）注册命令

编辑 app/config/console.php 文件，注册上面的 Hello 命令：

```
return [
    // 指令定义
    'commands' => [
        'hello' => \app\command\Hello::class
    ],
];
```

4）执行命令

执行./think hello zhangsan –upcase（或者 Windows 命令行窗口中执行 php think hello zhangsan –upcase），输出如下：

```
HELLO ZHANGSAN
```

11.3 小结

通过本章的学习，读者不仅理解了命令行应用的基础知识，还学会了如何利用 ThinkPHP 8 框架提供的工具来创建和执行自己的命令行应用。这些技能将有助于开发者提高工作效率，自动化完成重复性任务，以及构建更加健壮和灵活的系统。

第 12 章

Ubuntu 服务器部署

随着前面 ThinkPHP 理论知识的学习，我们即将迈入实践的领域。从本章起，我们将深入实战，内容安排将遵循由易到难、循序渐进的原则，确保每位读者都能跟上步伐，逐步提升实战能力。本章将聚焦于对服务器应用运行至关重要的应用部署技能。

在本章中，我们将介绍以下主要内容：

- apt-get的安装以及常用命令
- 在Ubuntu服务器上部署ThinkPHP应用

12.1　在 Ubuntu 服务器上部署 ThinkPHP 应用

鉴于线上服务器普遍采用 Linux 操作系统，本章将以 Ubuntu 服务器为例，展开详细的部署指导。笔者这里选择了阿里云 ECS 服务中的 Ubuntu 20.04 系统作为示例环境。读者可以参考网络上的安装教程，使用 VirtualBox 安装 Ubuntu 虚拟机，或者直接跳过本章内容。

> 注意　有关在本地计算机上使用 VirtualBox 安装 Ubuntu 虚拟机的相关博文，可以参考网址 https://blog.csdn.net/brucexia/article/details/139486141。

1. 使用apt-get安装ThinkPHP运行环境

apt-get 是 Ubuntu 自带包管理器，可用来帮助我们安装、升级、卸载软件包。apt-get 常用命令如表 12-1 所示。

表 12-1　apt-get 常用命令

命令名称	命令说明
apt-get update	更新软件包索引
apt-get upgrade	升级服务器软件包
apt-get install <package>	安装指定软件包

（续表）

命令名称	命令说明
apt-get remove \<package\>	卸载指定软件包
apt-get autoremove	自动卸载未使用软件包
apt-cache search \<package\>	查找软件包
apt-cache show php	显示软件包信息

安装 PHP 及其相关组件、MySQL、Nginx 的步骤如下：

（1）apt-get update：更新包列表以确保安装的是最新版本的软件。

（2）apt-get install php php-fpm php-mysql php-common php-curl php-mysql php-cli php-mbstring –y：安装 PHP 及其相关组件，这里包括了 PHP-FPM（用于与 Nginx 配合）、MySQL 扩展、常用库、cURL 支持、MySQL 客户端、命令行工具和 mbstring 库（用于多字节字符串处理）。

（3）apt-get install mysql-server mysql-client -y：安装 MySQL 服务器和客户端，在安装过程中会提示你设置 MySQL 的 root 用户密码。

（4）apt-get install nginx -y：安装 Nginx。

上述软件包安装后会自动启动相应服务。

2. 配置文件路径

配置文件路径包含以下几种方式：

- /etc/php：php配置文件目录。
- /etc/nginx：nginx配置文件目录。
- /etc/mysql/mysql.conf.d：MySQL配置文件目录。

3. 服务管理命令

服务管理命令包含以下几种命令：

- service php-fpm restart/start/stop/reload：重启/启动/停止/热加载PHP。
- service nginx restart/start/stop/reload：重启/启动/停止/热加载Nginx。
- service mysql restart/start/stop：重启/启动/停止MySQL。

4. 配置默认站点

（1）打开 Nginx 默认站点配置文件/etc/nginx/sites-available/default，示例如下：

```
server {
    listen 80 default_server;
    listen [::]:80 default_server;
    root /var/www/default; # web目录
    index index.html index.htm index.php; # 默认首页

    server_name _;
    access_log /var/log/nginx/default.log; # 访问日志
    location / {
        try_files $uri $uri/ =404;
```

```
    }

    # pass PHP scripts to FastCGI server
    #
    location ~ \.php$ {
        include snippets/fastcgi-php.conf;
        fastcgi_pass unix:/var/run/php/php7.2-fpm.sock;
    }
}
```

（2）打开 PHP 配置文件/etc/php/8.1/fpm/pool.d/www.conf，示例如下：

```
[www]
user = www-data # 运行用户，默认即可
group = www-data # 运行用户组，默认即可
# 监听地址，需要和 nginx fast_cgi 配置一致
listen = /run/php/php7.2-fpm.sock
```

（3）运行命令 service nginx restart。

（4）运行命令 service php-fpm restart。

（5）访问 http://服务器 IP，即可打开管理界面。

12.2　小结

通过本章的学习，读者可以掌握在 Ubuntu 服务器上部署 ThinkPHP 应用。这个部署应用的技能将有助于开发者在完成 ThinkPHP 应用开发之后，顺利把应用部署到 Ubuntu 服务器系统上正式投入运行。

第 13 章

数据库设计

目前，许多 Web 应用程序都与数据库紧密相连，依赖其 API 来执行数据的基本操作，例如增加、删除、查询和修改。在这一过程中，设计一个既合理又可行的数据库表结构显得尤为重要。

在本章中，我们将介绍以下主要内容：

- 数据库设计原则
- 数据库设计工具

13.1 数据库设计原则

在关系数据库设计中，范式理论为我们提供了宝贵的参考，但在实际生产环境中，我们往往需要在遵循范式与优化性能之间找到平衡。数据库设计的两个黄金法则是：

- 需求至上：数据库设计的初衷是为了满足应用需求。如果一个设计不能支持所需功能，无论它在理论上多么完美，实际上都是没有意义的。
- 性能关键：高性能的数据库设计能够快速响应操作请求，缩短用户等待时间，提升用户体验。反之，性能不佳的系统会导致用户等待时间较长，严重损害用户的使用体验。

13.2 数据库设计工具

在深入数据库设计的艺术之前，让我们先来谈谈我们的利器——数据库设计工具。

由于本书的开发平台涉及 MySQL 数据库，本章将特别介绍 MySQL 官方提供的 MySQL Workbench 作为我们的设计工具。MySQL Workbench 是一个强大的可视化工具，能够帮助我们高效地设计和建模数据库。

下载 MySQL Workbench，下载网址为 https://dev.mysql.com/downloads/workbench/。

　　下载完成后，双击安装文件，按提示向导安装好 MySQL Workbench。打开 MySQL Workbench
软件后，我们将看到一个直观且功能丰富的界面，如图 13-1 所示，它是我们数据库设计旅程中的得
力助手。

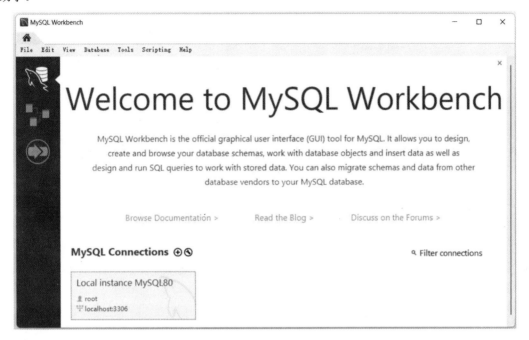

图 13-1

单击 Workbench 主界面左侧第二个菜单进入模型设计子界面，如图 13-2 所示。

图 13-2

单击"加号"⊞按钮（或者单击 File→New Model 菜单项）打开建模界面，如图 13-3 所示。

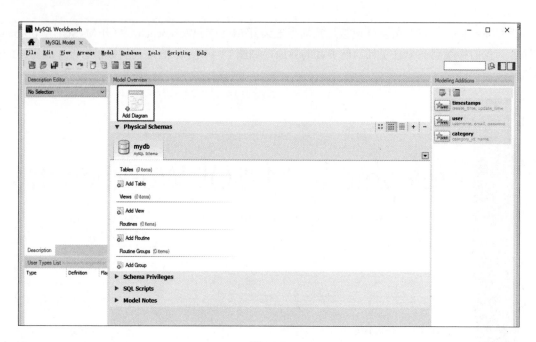

图 13-3

双击图 13-3 红框所示的按钮进入设计主界面，如图 13-4 所示。

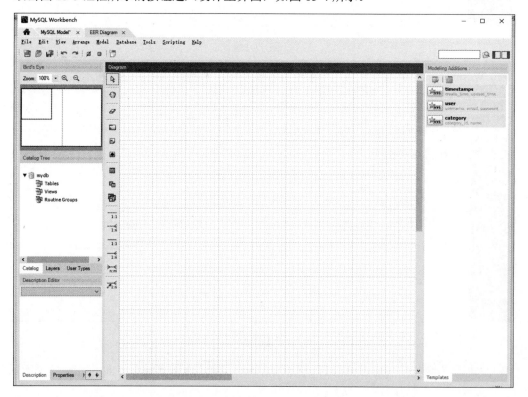

图 13-4

图 13-4 中间的一排小图标，依次表示：

- ▣选择工具：可以选择表、键等。
- ▣画布移动工具。
- ▣擦除工具：可以删除表、键等。
- ▣区域工具：可以将有关系的一组表格分隔开来，便于查看模块。
- ▣笔记工具：可以写一些备注。
- ▣图片工具：插入一幅图片。
- ▣表格工具：插入一张新表（最重要的）。
- ▣视图工具：插入一个视图。
- ▣路由组：插入一个路由组。
- ▣一对一非标识关系：将两个数据表进行一对一关联。
- ▣一对多非标识关系：将两个数据表进行一对多关联。
- ▣一对一标识关系。
- ▣一对多标识关系。
- ▣多对多标识关系：通过中间表将两个数据表进行多对多关联。
- ▣使用已有字段进行一对多关联。

这里顺便解释一下标识关系和非标识关系。

- 标识关系：父表的主键成为子表主键的一部分，以标识子表，即子表的标识依赖于父表。比如，用户资料表和用户表就是标识关系，子表用户资料表的标识是用户 ID，依赖于用户表的用户 ID。
- 非标识关系：父表的主键成为子表的一部分，不标识子表，即子表的标识不依赖于父表。大部分的外键都属于此种关系。

工作区存在很多英文，这里通过图片来进行说明。单击表格工具中的▣图标插入一个新数据表，工作区下方的选项和菜单如图 13-5 所示。

图 13-5

中间框选部分内容说明如下：

- Column Name：字段名。
- DataType：数据类型。
- PK：主键。
- NN：Not Null。
- UQ：Unique Key，唯一键。
- B：Binary，声明为二进制数据字段。
- UN：UnSigned，无符号数。
- ZF：Zero Fill，零填充。
- AI：Auto Increment，自增。
- Default/Express：默认值。

底部框选部分说明如下：

- Columns：字段列表。
- Indexes：索引列表。
- ForeignKeys：外键。
- Tiggers：触发器。
- Partitioning：分区。
- Options：选项。
- Inserts：插入数据库。
- Privileges：权限。

设置完数据表自有字段后，通过关联工具可以非常方便地建立关联关系，如图 13-6 所示。

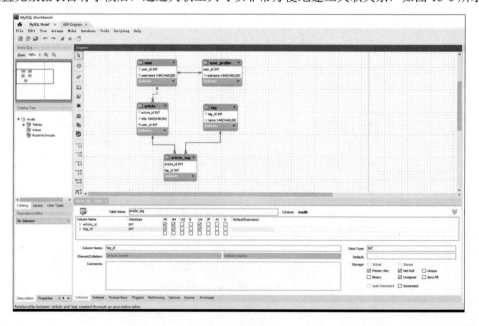

图 13-6

- 用户和用户资料为一对一标识关系，用户资料属于用户表，每个用户最多有一份资料。
- 用户和文章为一对多非标识关系，文章属于用户，但不是依赖，哪怕用户被删除，文章也可以访问，只不过查不到发表文章的作者具体信息。
- 文章和标签之间为多对多关系，所以需要通过中间表来处理。

数据库建模完成之后需要导出 SQL，最终导入到我们的数据库中。需要注意的是，默认的数据库名为"mydb"，可以在图 13-7 所示的"mydb"处右击修改数据库名称。

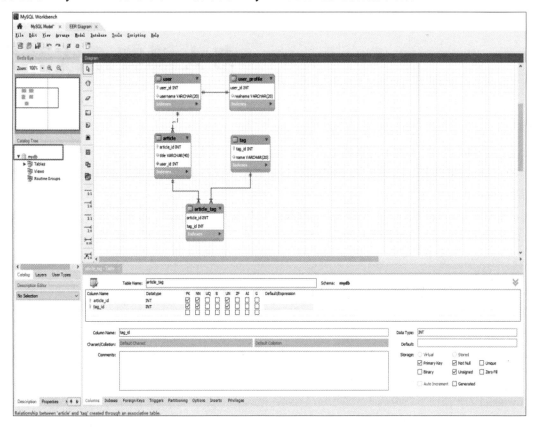

图 13-7

单击 Workbench 菜单栏 File→Export→Forward Engineer SQL CREATE script，依据提示步骤导出 SQL，最终导入数据库即可。

13.3　小结

通过本章的学习，读者可以掌握 ThinkPHP 应用开发中的数据库设计原则和设计工具。这个技能将有助于开发者在开发一个 ThinkPHP 应用时，设计一个既合理又可行的数据库表结构。

第 14 章

多人博客系统开发

随着对 ThinkPHP 8 框架的系统学习，相信读者已经对其有了深刻的理解。对于那些仍有疑惑的概念或代码，可以多回顾一下前面的章节，或者在示例代码中寻找答案，也可以加入我们的读者交流群，提出你的疑问。

从本章开始，我们将迈入学习的下一阶段——开发实战。这部分内容不仅仅是本书的精髓所在，也是读者跟随笔者从零基础开始，一步一步设计并开发一个完整项目的实践机会。

14.1　运行示例项目

在正式进入学习前，读者可以先利用随书源码部署一下系统。部署流程如下：

（1）在浏览器中打开 https://github.com/xialeistudio/ThinkPHP 8-In-Action，如图 14-1 所示，单击 Download ZIP 按钮下载源码。

图 14-1

（2）下载好代码之后解压，进入 blog 目录，命令行导入或者使用 Workbench 导入 blog.sql 到 MySQL 数据库。

（3）接下来在 blog 根目录新建 ".env" 文件，内容如下（读者可自行更改数据库连接信息）：

```
APP_DEBUG=true

DB_TYPE=mysql
DB_HOST=127.0.0.1
DB_NAME=blog
DB_USER=root
DB_PASS=111111
DB_PORT=3306
DB_CHARSET=utf8mb4
DB_PREFIX=blog_
DEFAULT_LANG=zh-cn
```

（4）打开终端，进入 blog 目录后执行 composer install 命令安装依赖。

（5）在 PHP 安装目录下，找到 php.ini 文件，打开 GD 图像工具扩展 "extension=gd"。

（6）安装成功后再到项目根目录下执行 php think run 命令，即可运行启动服务器，在浏览器中访问 http://localhost:8000 即可看到如图 14-2 所示的界面。

图 14-2

14.2　项目目的

博客系统对大家来说应该不会陌生。无论是哪个行业的人士，都可能拥有一个展示个人思想和生活点滴的平台。国内的博客平台众多，如 CSDN、博客园、新浪博客等，它们为只想专注于内容创作而无需维护技术平台的用户提供了便利。然而，这些平台的不足之处在于缺乏个性化定制的能力。唯有亲手打造的博客，才能随心所欲地实现个性化功能，比如为那些积极参与评论和转发的读者开发一个奖励系统。

当然，博客系统的基础功能——记录和分享日常生活与工作——也是我们设计时必须着重考虑的要点。

14.3　需求分析

任何项目的完成都离不开精准的需求分析，这是软件开发中至关重要的一步。只有深入理解需求，我们才能确保最终交付的产品能够满足用户的实际需要。本章将采用由浅入深的方式，对博客系统进行需求分析。

- 核心功能：文章发布，支持分享、评论、点赞等社交特性。
- 编辑与管理：文章的编辑、置顶、排序。
- 内容组织：通过分类管理文章，便于检索和浏览。
- 社交互动：通过点赞、评论和分享，增加用户参与度。
- 推广与分享：接入第三方分享工具，扩大博客影响力。
- 统计分析：追踪热门文章和话题，优化内容策略。

14.4　功能分析

根据需求分析，我们可以确定以下功能模块：

- 用户模块：用户登录、密码修改、退出登录。
- 文章模块：文章的发布、编辑、删除、查看、列表展示、置顶、排序、分类管理。
- 社交模块：点赞、取消点赞、评论发布、评论管理、分享功能。
- 第三方服务：集成第三方统计工具。

14.5　数据库设计

功能分析完成后，我们进入数据库设计阶段。一个合理的数据库设计不仅能简化编码工作，还能提高系统的扩展性。数据库的设计需要考虑到未来的变化，因为需求的演进往往需要程序的相应调整。与程序不同，数据库的改动更为复杂，尤其是当其中包含重要的旧数据时。

根据功能分析，我们可以确定必需的字段。以文章为例，需要确定以下字段：

- 文章发布：文章ID、标题、内容、发表时间。
- 文章置顶：置顶标记字段。

- 文章排序：排序字段。
- 文章分类：分类ID。

其他功能模块的字段确定也应遵循类似的方法。希望读者能够通过本章内容，学会如何将功能需求转化为数据库设计。随着经验的积累，可以采用更标准化的建模方法来规划和设计一个高效、合理的数据库架构。

总之，功能列表中的每项功能都应该有相应的字段和数据表来支撑。希望读者灵活运用本章介绍的原则和方法来设计自己的数据库。

14.5.1　数据表模型图

数据表关系通过 MySQL Workbench 已经建立完成，建立依据来源于功能分析，最终关系如图 14-3 所示。读者可以用 Workbench 打开相应的配套文件查看一下数据表之间的关系。

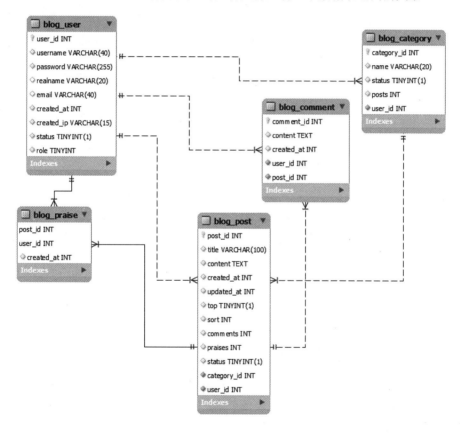

图 14-3

14.5.2　数据库关系说明

数据库关系说明如下：

- 每个用户可以发表多篇文章，而一篇文章只会有一个发布者，所以用户和文章是一对多关系。

- 每个用户可以对多篇文章进行点赞和取消点赞，每篇文章可以有多个点赞，但是每个用户和每篇文章最多有一条点赞记录，所以用户和点赞是多对多标识关联。
- 每个用户可以对多篇文章进行评论，每篇文章同样可以有多条评论，不同的是，每个用户和每篇文章的评论数是没有上限的（理论上，排除软件和硬件限制），所以评论需要有一个独立主键，通过非标识关系关联。
- 文章分类与文章评论类似，也需要通过非标识关系关联。

14.5.3　数据库字段

数据字段说明可以参见第 13 章的内容，用户表、分类表、文章表、评论表以及点赞表的说明如表 14-1~表 14-5 所示。

表 14-1　blog_user（用户表）

字段名称	数据类型	说　　明	属　　性
user_id	int	用户 ID	PK/NN/UN/AI
username	varchar(40)	账号	NN/UQ
password	varchar(255)	密码	NN
realname	varchar(20)	姓名	
email	varchar(40)	邮箱	
created_at	int	注册时间	NN/UN
created_ip	varchar(15)	注册 IP	NN
status	tinyint(1)	状态	NN/默认值 1
role	tinyint(1)	角色	NN/默认值 1

表 14-2　blog_category（分类表）

字段名称	数据类型	说　　明	属　　性
category_id	int	分类 ID	PK/NN/UN/AI
name	varchar(20)	分类名称	NN
status	tinyint(1)	状态	NN/默认值 1
posts	int	文章数	NN/默认值 0
user_id	int	用户 ID	NN/UN

表 14-3　blog_post（文章表）

字段名称	数据类型	说　　明	属　　性
post_id	int	文章 ID	PK/NN/UN/AI
title	varchar(100)	文章标题	NN
content	text	文章内容	NN
created_at	int	发表时间	NN/UN
updated_at	int	编辑时间	NN/默认值 0
top	tinyint(1)	置顶标记	NN/默认值 0
sort	int	排序	NN/默认值 0

（续表）

字段名称	数据类型	说　　明	属　　性
comments	int	评论数	NN/默认值 0
praises	int	点赞数	NN/默认值 0
status	tinyint(1)	状态	NN/默认值 1
category_id	int	分类 ID	NN/UN
user_id	int	用户 ID	NN/UN

表 14-4　blog_comment（评论表）

字段名称	数据类型	说　　明	属　　性
comment_id	int	评论 ID	PK/NN/UN/AI
content	text	评论内容	NN
created_at	int	评论时间	NN
user_id	int	用户 ID	NN/UN
post_id	int	文章 ID	NN/UN

表 14-5　blog_praise（点赞表）

字段说明	数据类型	说　　明	属　　性
post_id	int	文章 ID	PK/NN/UN
user_id	int	用户 ID	PK/NN/UN
created_at	int	点赞时间	NN

14.6　模块设计

依据前文的功能分析可知,系统分为网站前台和用户管理端两部分。系统模块结构如图14-4所示。

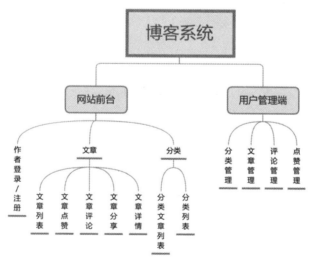

图 14-4

14.6.1 网站前台

1. 代码架构

顾名思义,网站前台就是用来查看文章以及进行社交操作(点赞/评论)的。网站前台的功能主要以展示为主,模块文件如图 14-5 所示。

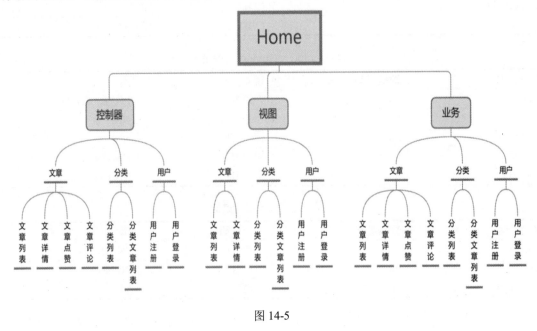

图 14-5

模型层建议放到 Common 模块中,这样模型层可以共用。业务代码需要单独放一层,可以提高代码复用率以及代码隔离,防止修改业务代码导致控制器出现问题。

2. 核心业务流程

一般的查询和显示功能的实现在本文不做赘述,读者可以前往本书配套的源码中查看,这里主要介绍一下本模块比较重要的业务流程。

在日常开发中,业务流程是非常重要的,只有明白业务流程才能写出满足需求的代码。本模块比较重要的业务流程如下:

- 用户入驻:检测入驻配置→显示入驻表单→填写表单→检测username→写入user表→用户正常登录。
- 点赞:检测文章存在→检测点赞记录→写入点赞记录→文章点赞数+1。
- 评论:检测文章存在→检测评论间隔→写入评论记录→文章评论数+1→写入评论间隔缓存。

3. 视图

视图层采用 PHP 引擎开发,UI 采用业界比较热门的开源 CSS 框架——Bootstrap。该框架操作简单,提供了很多开箱即用的组件,适合初学者使用。本书采用 Bootstrap V5.3 版本。

Boostrap 官方网站地址为 https://getbootstrap.com。Boostrap 界面效果如图 14-6 所示。

图 14-6

14.6.2　用户管理端

1. 代码架构

用户管理端主要是分类、文章、评论、点赞及用户管理，代码架构如图 14-7 所示。

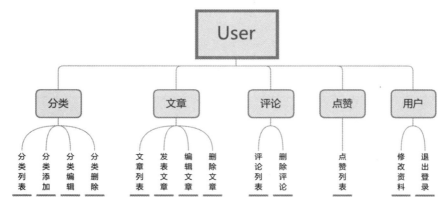

图 14-7

由于代码架构和 Home 模块类似，在实际开发中代码需要按 MVC 格式进行分层。

需要注意的是，评论功能需要列出【我发出的评论】和【我发表文章收到的评论】，点赞也是类似的。这样可以方便后期扩展类似于好友系统的模块，因为博客的交互都是实名制，因此历史评论和点赞数据都非常有价值。

2. 核心业务流程

核心业务流程如下：

- 权限问题：在设计user表的时候需要使用role（角色）字段，通过该字段来标识用户是管理员还是普通用户。当普通用户访问Admin模块时需要拦截以防止越权访问。
- 文章删除：文章删除后需要更新分类信息以及删除对应的点赞和评论。

14.7   效果展示

网站最终效果如图 14-8~图 14-16 所示。

图 14-8（首页页面）

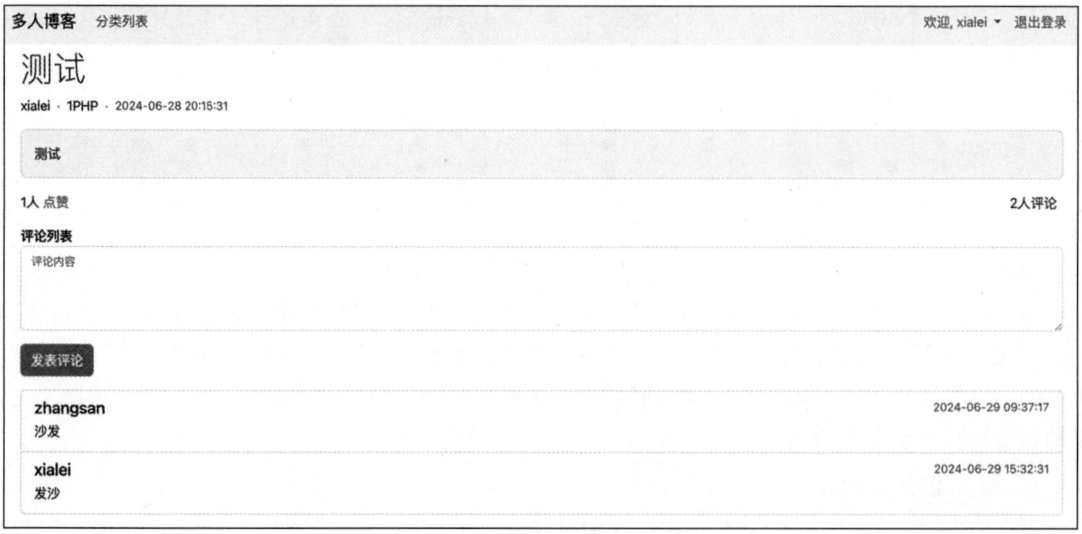

图 14-9（文章详情页页面）

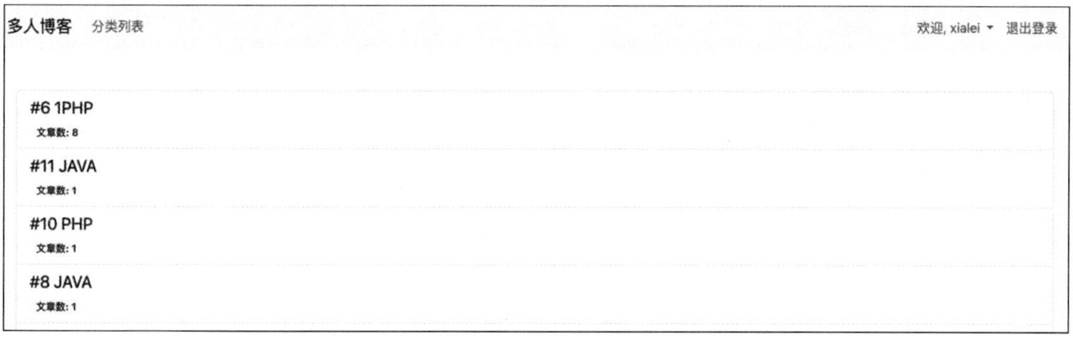

多人博客	分类列表									欢迎, xialei ▼　退出登录

#6 1PHP
文章数: 8

#11 JAVA
文章数: 1

#10 PHP
文章数: 1

#8 JAVA
文章数: 1

图 14-10（分类列表页页面）

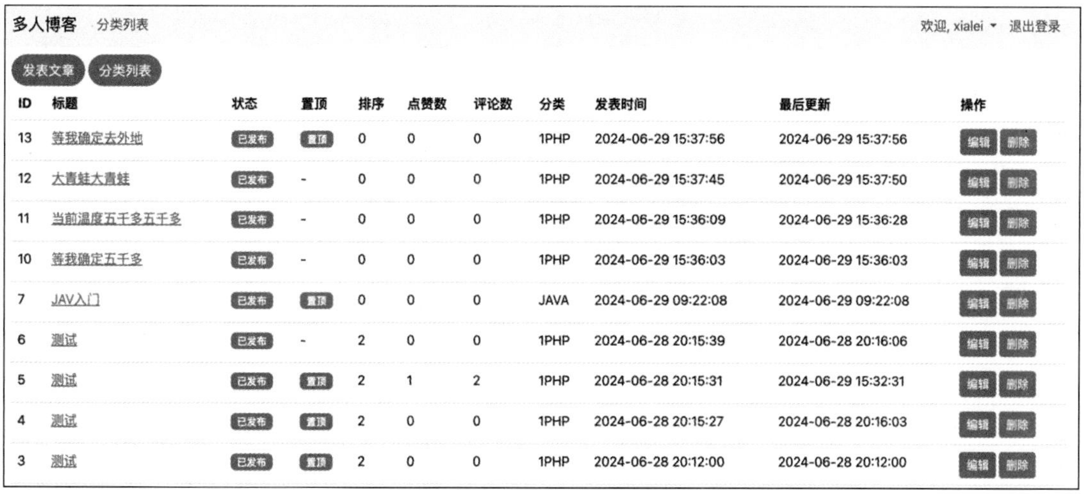

多人博客　分类列表　　　　　　　　　　　　　　　　　　　　　　　　　欢迎, xialei ▼　退出登录

发表文章　分类列表

ID	标题	状态	置顶	排序	点赞数	评论数	分类	发表时间	最后更新	操作
13	等我确定去外地	已发布	置顶	0	0	0	1PHP	2024-06-29 15:37:56	2024-06-29 15:37:56	编辑 删除
12	大青蛙大青蛙	已发布	-	0	0	0	1PHP	2024-06-29 15:37:45	2024-06-29 15:37:50	编辑 删除
11	当前温度五千多五千多	已发布	-	0	0	0	1PHP	2024-06-29 15:36:09	2024-06-29 15:36:28	编辑 删除
10	等我确定五千多	已发布	-	0	0	0	1PHP	2024-06-29 15:36:03	2024-06-29 15:36:03	编辑 删除
7	JAV入门	已发布	置顶	0	0	0	JAVA	2024-06-29 09:22:08	2024-06-29 09:22:08	编辑 删除
6	测试	已发布	-	2	0	0	1PHP	2024-06-28 20:15:39	2024-06-28 20:16:06	编辑 删除
5	测试	已发布	置顶	2	1	2	1PHP	2024-06-28 20:15:31	2024-06-29 15:32:31	编辑 删除
4	测试	已发布	置顶	2	0	0	1PHP	2024-06-28 20:15:27	2024-06-28 20:16:03	编辑 删除
3	测试	已发布	置顶	2	0	0	1PHP	2024-06-28 20:12:00	2024-06-28 20:12:00	编辑 删除

图 14-11（个人中心页页面）

多人博客　分类列表　　　　　　　　　　　　　　　　　　　　　　　　　欢迎, xialei ▼　退出登录

分类
1PHP ⌄

标题
请输入标题

内容
请输入正文

状态
草稿 ⌄

置顶
不置顶 ⌄

排序
0

发表

图 14-12（发表文章页页面）

图 14-13（分类管理页页面）

图 14-14（修改密码页页面）

图 14-15（登录页页面）

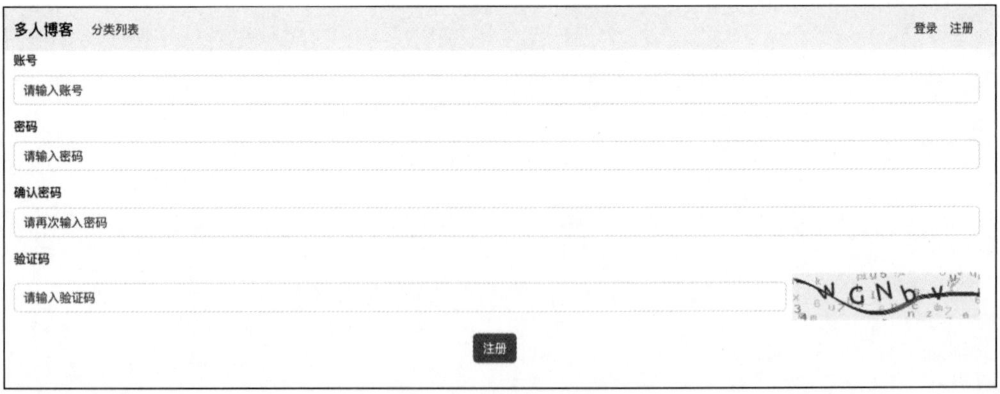

图 14-16（注册页页面）

14.8 部分代码示例

14.8.1 验证码

ThinkPHP 8 的验证码功能已经分离到扩展库中，因此需要先使用 composer 安装一下。

```
composer require topthink/think-captcha
```

1. 开启Session

验证码是基于 Session 的，默认情况下，ThinkPHP 8 未开启 Session，需要手动开启。编辑 app/middleware.php 文件，取消 Session 中间件的注释，代码如下：

```php
<?php
// 全局中间件定义文件
return [
    // 全局请求缓存
    // \think\middleware\CheckRequestCache::class,
    // 多语言加载
    // \think\middleware\LoadLangPack::class,
    // Session 初始化
     \think\middleware\SessionInit::class
];
```

2. 渲染验证码

在 view 层调用 captcha_img()渲染验证码图片，单击图片可以刷新验证码，也可以调用 captcha_src()获取验证码图片链接，并自行实行刷新逻辑。

```html
<div class="mb-3">
    <label for="captcha" class="form-label">验证码</label>
    <div class="d-flex align-items-center">
        <input type="text" name="captcha" class="form-control flex-grow-1"
required id="captcha" placeholder="请输入验证码">
        <div class="ms-2"><?= captcha_img() ?></div>
    </div>
</div>
```

3. 校验验证码

使用 ThinkPHP 8 内置的验证器即可，代码如下：

```php
$data = request()->post();
try {
    $this->validate($data, [
    'captcha|验证码' => 'require|captcha',
    'username|账号' => 'require|alphaNum|max:40',
    'password|密码' => 'require',
    ]);
    $service->signin($data['username'], $data['password']);
        return redirect('/user/index');
```

```
    } catch (ValidateException $e) {
        return view('signin', [
        'title' => '用户登录',
        'error' => $e->getError()
    ]);
    }
```

14.8.2   成功和错误提示页面

ThinkPHP 8 和之前的版本不同，不提供 success 和 error 方法渲染成功和错误消息，以下是笔者自己实现的 success 和 error 方法。

1. 修改控制器

修改 app/BaseController.php 文件，添加 success 和 error 方法：

```php
public function success($msg, $callback = null)
{
    return view('/success', ['msg' => $msg, 'callback' => $callback]);
}

public function error($msg)
{
    return view('/error', ['msg' => $msg]);
}
```

2. 修改视图

下面以 success 的视图为例，编辑 app/view/success.php 文件，代码如下：

```php
<?php require_once __DIR__ . '/public/header.php' ?>
<div class="alert alert-success"><?= $msg ?></div>
<?php if (empty($callback)): ?>
    <p><a class="btn btn-primary" href="<?= request()->header('referer') ?>">返回</a></p>
<?php else: ?>
    <p><a class="btn btn-primary" href="<?= $callback ?>">返回</a></p>
<?php endif ?>
<?php require_once __DIR__ . '/public/footer.php' ?>
```

3. 使用

使用 success 和 error 方法的控制器继承 BaseController。下面是首页控制器的代码示例：

```php
class Index extends BaseController
{
    public function praise(PraiseService $service, UserService $userService)
    {
        $postId = \request()->get('post_id');
        if (empty($postId)) {
            return $this->error('参数错误');
        }
```

```
        $userId = $userService->userId();
        if (empty($userId)) {
            return $this->error('请先登录');
        }
        try{
            $service->praise($userId, $postId);
            return $this->success('点赞成功');
        }catch (\Exception $e) {
            return $this->error($e->getMessage());
        }
    }
}
```

14.8.3　发表文章事务操作

发表文章涉及同时操作文章表和分类表，因此需要启用数据库事务，否则会造成数据不一致。代码如下：

```
/**
 * 发表文章
 * @param $userId
 * @param array $data
 * @return Post
 */
public function publish($userId, array $data)
{
    $data = ArrayHelper::filter($data, ['title', 'content', 'category_id',
'status', 'sort', 'top']);
    return Db::transaction(function () use ($userId, $data) {
        $category = Category::where([
        'user_id' => $userId,
        'category_id' => $data['category_id'],
        ])->find();
        if (empty($category)) {
            throw new Exception('分类不存在');
        }
        $category->posts++;
        if (!$category->save()) {
            throw new Exception('发表失败');
        }

        $post = new Post();
        $post->data($data);
        $post->user_id = $userId;
        if (!$post->save()) {
            throw new Exception('发表失败');
        }
        return $post;
    });
}
```

14.9   项目总结

博客系统作为本书的首个实战项目，不仅展示了 ThinkPHP 框架的核心技巧和功能模块，还涵盖了视图渲染等关键技术。尽管当前系统已具备基本功能，但仍有进一步优化和扩展的潜力，例如，引入一个集中化的管理后台来统筹用户和内容管理，或是增加友情链接功能等。对于热衷于探索和实践的读者来说，这些潜在的升级点无疑是一展身手的好机会。

正如"麻雀虽小，五脏俱全"。本章的实战项目代表了从零到一的完整开发周期，囊括了从初步的需求分析、系统架构设计、数据库建模，到编码实现、测试验证以及最终的上线部署等各个阶段。

随着本章内容的深入，项目的复杂性将逐步增加。我们鼓励读者不仅要深入理解本章的知识点，更要特别关注项目的开发流程。掌握这一流程对于未来的职业生涯至关重要，它不仅有助于提升工作效率，也是塑造个人编程风格的关键。

14.10   项目代码

本项目已经托管到 github.com，地址为 https://github.com/xialeistudio/ThinkPHP 8-In-Action/tree/main/blog。读者有任何问题都可以在 github.com 上提问。

第 15 章

图书管理系统开发

"书籍是人类进步的阶梯"。在当今时代，图书馆作为知识的殿堂遍布各地，为广大读者提供了便捷的借阅服务。面对日益增长的图书数据和用户数据，传统的管理方法已难以满足需求。因此，现代图书馆普遍采用先进的图书管理系统，以数字化、自动化的方式，高效地管理着馆藏图书和读者信息。

15.1 运行示例项目

在正式进入学习前，读者可以先利用本书配套的源码部署一下系统。部署流程如下：

（1）在浏览器中打开 https://github.com/xialeistudio/ThinkPHP 8-In-Action，单击如图 15-1 所示的按钮下载源码。

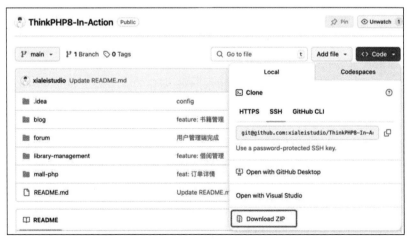

图 15-1

（2）下载完成之后进行解压，进入 library-management 目录，命令行导入或者使用 Workbench

导入 library.sql 到 MySQL 数据库。

（3）接下来在 library-management 根目录新建 ".env" 文件，内容如下（读者可自行更改数据库连接信息）：

```
APP_DEBUG=true

DB_TYPE=mysql
DB_HOST=127.0.0.1
DB_NAME=library
DB_USER=root
DB_PASS=111111
DB_PORT=3306
DB_CHARSET=utf8mb4
DB_PREFIX=book_
DEFAULT_LANG=zh-cn
```

（4）打开终端，进入 library-management 目录后执行 composer install 命令安装依赖。

（5）安装成功后，再执行 php think admin:add admin 111111 添加管理员，账号为 admin，密码为 111111，读者可以自行更改账号和密码。

（6）最后执行 php think run 启动服务器，使用浏览器访问 http://localhost:8000/登录后可以看到如图 15-2 所示的界面。

图 15-2

15.2　项目目的

为了构建一个清晰、可维护的代码基础，本章采用了 MVC（模型-视图-控制器）架构，并进一步引入了 Repository 和 Service 层。这种分层方法不仅优化了代码结构，还提升了系统的可扩展性和可维护性。在中大型企业级应用的开发中，面对不断变化的业务需求和外部环境，传统的 MVC 模式可能难以应对。因此，降低系统复杂度的一个关键策略就是采用"分而治之"的哲学，确保每一层只承担其特定的职责。

在传统的 MVC 模型中，如果业务逻辑被直接编写在 Controller 层，将导致代码难以复用，且难以适应需求的变化。Controller 层应专注于处理客户端请求和非业务逻辑的实现。虽然技术上可以通过实例化控制器来调用其业务逻辑方法，但这种做法并不符合良好的项目规范和设计原则。

通过引入 Repository 层来抽象数据访问，以及 Service 层来封装业务逻辑，我们的系统将实现代码的高度模块化，增强了各组件之间的解耦。这样一来，无论是面对未来功能的扩展还是现有功能的维护，都将变得更加灵活和高效。

本章的目标是引导读者深入理解现代软件开发中的分层架构，并通过实践掌握如何在图书管理系统的开发中应用这些先进的架构理念。通过本章的学习，读者将能够构建出既符合行业标准，又能满足实际业务需求的高质量软件应用。

15.3　需求分析

图书管理系统的设计涉及复杂的逻辑，通常需要对特定领域或行业有深入了解的人员才能充分理解。在本章中，我们将集中精力实现系统的核心功能，具体包括以下几个关键点：

- 图书管理：图书馆藏书众多，且图书的库存会因多种原因发生变化，如新书入库等。因此，建立一个系统化的图书登记流程对于维护和后续管理至关重要。
- 读者管理：读者是图书馆服务的核心对象。有效的读者管理不仅包括追踪借阅用户的数量和主要借阅者，还需及时提醒那些借阅已逾期的读者归还图书。
- 借阅管理：作为图书馆的核心业务，借阅管理涵盖了读者与图书之间的交互。简单的借阅场景可以视为读者每次只借阅一本书；而在更复杂的场景中，一位读者一次可借阅多本书，尽管图书种类繁多，但仍按单一借阅事件处理，这与电子商务中的订单概念相似。

本章的目标是构建一个图书管理系统的基础框架，确保它能够满足图书馆在图书、读者和借阅管理上的基本需求。通过精心设计的系统，我们将为图书馆提供一个强大、灵活且易于使用的工具，以支持其日常运营并提升服务效率。

15.4　功能分析

需求分析通常由领域专家以自然语言的形式提出，这为理解客户提供了一个起点，但要将其转化为实际的开发工作，还需进一步地细化。功能分析的使命正是弥合客户需求与技术实现之间的差距，它通过专业的分析方法，将日常用语的需求描述转化为具体的技术规格。

在对需求进行深入分析的基础上，本章所探讨的图书管理系统将包含以下几个关键模块：

- 管理员模块：这一模块是系统管理的核心，负责处理图书的录入、编辑以及删除等操作，同时包含读者信息的管理和借阅活动的监督。
- 读者模块：专注于读者信息的维护，提供添加、管理和查询读者资料的功能，确保读者信息的准确性和最新状态。
- 图书模块：允许用户对图书资料进行添加、编辑和查看，是系统知识库的构建基础，为图书借阅业务的组织和管理提供支持。
- 借阅模块：核心业务模块之一，处理图书的借出和归还流程，同时管理借阅记录，确保借阅过程的透明和高效。

通过这些模块的有机结合，图书管理系统将能够满足图书馆的日常运作需求，同时为读者和管理人员提供一个直观、易用的操作界面。

15.5   模块设计

根据功能分析得出大致的模块以及模块的组成。当然，对于一些关键操作，比如图书管理系统中图书的所有操作记录都需要有，这样从图书入库到最终借阅出去的一整个流程，都可以清晰地记录下来，方便查看图书借阅的一些历史信息等。图书管理系统模块架构如图 15-3 所示。

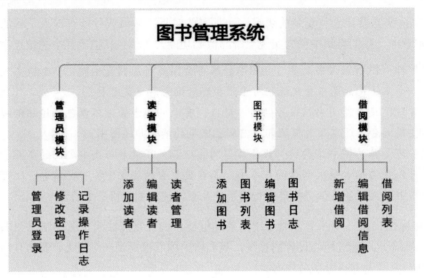

图 15-3

15.6   数据库设计

数据库设计其实是依赖于功能分析以及模块设计的，从图 15-3 中可以得出，我们需要使用以下数据表来保存数据：

- 管理员模块：admin 表、admin_log 表（记录操作日志、登录信息等）。
- 读者模块：user 表。
- 图书模块：book 表、book_log 表（记录图书日志）。
- 借阅模块：book_lending 表。

15.6.1   数据库模型关系

图书管理系统表之间的关系比较简单，但是数据的完整性要求比较高，所以需要完善的日志来辅助记录更具体的信息。数据库建模软件采用 MySQL Workbench 工具，模型图如图 15-4 所示。

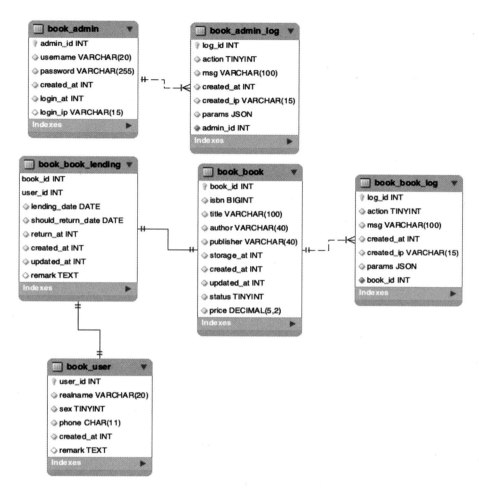

图 15-4

15.6.2　数据库关系说明

依据模块设计中各功能模块的关系图（见图 15-3）可以得出以下关系：

- 管理员日志需要记录管理员 ID，所以管理员和管理员日志是一对多的关系。
- 同样，图书日志记录的是图书的流动信息，比如入库、借出等，所以图书和图书日志是一对多的关系。
- 本系统对于借阅的定义是：一名读者借一本书算一次借阅，如果一次借十本就算十次借阅。一般情况下，可能会设计成类似于电商订单的模型，一名读者借一次书算一次借阅（一个订单），具体借了多少本书可以算成这笔订单下有多少个商品。针对本系统的模型，图书 ID+用户 ID 才可以构成一次借阅，所以借阅记录是联合主键。

15.6.3　数据库字典

该数据库中涉及的表如表 15-1~表 15-6 所示。

表 15-1　book_admin（图书管理员）

字段名称	字段类型	字段说明	字段属性
admin_id	int	管理员 ID	AI/PK/NN/UN
username	varchar(20)	账号	NN/UQ
password	varchar(255)	密码	NN
created_at	int	添加时间	NN
login_at	int	最后登录时间	NN
login_ip	varchar(15)	最后登录 IP	NULL

表 15-2　book_admin_log（图书管理员日志）

字段名称	字段类型	字段说明	字段属性
log_id	int	日志 ID	AI/PK/NN/UN
action	tinyint	动作类型	NN
msg	varchar(100)	日志内容	NN
created_at	int	记录时间	NN
created_ip	varchar(15)	记录 IP	NN
params	json	其他参数	NULL
admin_id	int	管理员 ID	NN/UN

表 15-3　book_book（图书表）

字段名称	字段类型	字段说明	字段属性
book_id	int	图书 ID	AI/PK/NN/UN
isbn	bigint	ISBN 编号	NN
title	varchar(100)	标题	NN
author	varchar(40)	作者	NN
publisher	varchar(40)	出版社	NN
storage_at	int	入库时间	NN
created_at	int	添加时间	NN
updated_at	int	编辑时间	NN
status	tinyint	状态	NN
price	decimal(5,2)	价格	NN

表 15-4　book_book_lending（图书借阅记录表）

字段名称	字段类型	字段说明	字段属性
book_id	int	图书 ID	PK/UN/NN
user_id	int	读者 ID	PK/UN/NN
lending_date	date	借阅日期	NN
should_return_date	date	应还日期	NN
return_at	int	还书时间	NN
created_at	int	创建时间	NN
updated_at	int	编辑时间	NN
remark	text	备注	NULL

表 15-5　book_book_log（图书日志）

字段名称	字段类型	字段说明	字段属性
log_id	Int	日志 ID	PK/AI/NN/UN
action	Tinyint	动作	NN
msg	varchar(100)	日志内容	NN
created_at	Int	记录时间	NN
created_ip	varchar(15)	记录 IP	NN
params	json	额外参数	NN
book_id	int	图书 ID	NN/UN

表 15-6　blog_user（读者表）

字段名称	字段类型	字段说明	字段属性
user_id	int	读者 ID	AI/NN/UN/PK
realname	varchar(20)	姓名	NN
sex	tinyint	性别	NN
phone	char(11)	手机	NN/NQ
created_at	int	添加时间	NN
remark	text	备注	NULL

15.7　核心业务流程

图书管理系统的核心操作无疑是图书的借阅与归还，这一流程构成了系统最频繁的业务交互，具体包括：

- 图书状态验证：在借书操作之初，系统首要任务是核查图书的当前状态。确保图书处于可借状态时，才能进行借阅，避免因重复借出而导致的数据不一致。
- 日期校验：系统必须自动计算并确认借书日期与应还日期。应还日期必须设定在借书日期之后，确保借阅周期的合理性与规范性。
- 日志记录：每一次借阅活动都应详细记录在管理员操作日志与图书的流水日志中。这不仅有助于追踪图书的借阅历史，也是提高系统透明度和可审计性的关键措施。

通过这些细致入微的流程控制，图书管理系统能够确保借阅服务的准确性和高效率，同时为图书馆的日常管理提供坚实的数据支撑。

15.8　效果展示

图书管理系统的网站最终效果如图 15-5~图 15-12 所示。

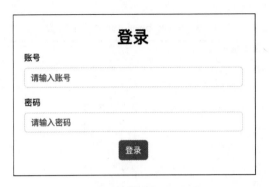

登录
账号
请输入账号
密码
请输入密码
登录

图 15-5（管理员登录页面）

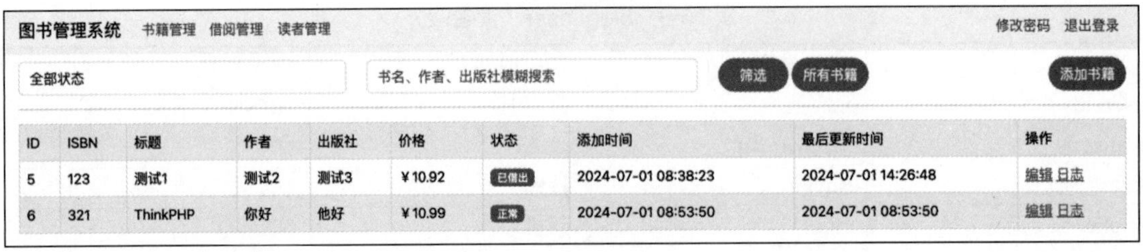
图书管理系统
书籍管理
借阅管理
读者管理
修改密码
退出登录
全部状态
书名、作者、出版社模糊搜索
筛选
所有书籍
添加书籍
ID
ISBN
标题
作者
出版社
价格
状态
添加时间
最后更新时间
操作
5
123
测试1
测试2
测试3
¥10.92
已借出
2024-07-01 08:38:23
2024-07-01 14:26:48
编辑 日志
6
321
ThinkPHP
你好
他好
¥10.99
正常
2024-07-01 08:53:50
2024-07-01 08:53:50
编辑 日志

图 15-6（图书管理页面）

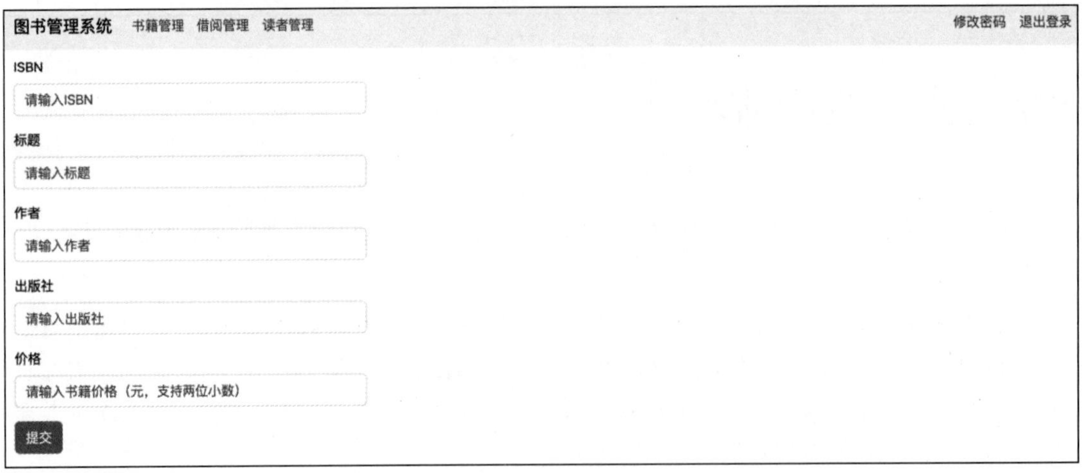
图书管理系统
书籍管理
借阅管理
读者管理
修改密码
退出登录
ISBN
请输入ISBN
标题
请输入标题
作者
请输入作者
出版社
请输入出版社
价格
请输入书籍价格（元，支持两位小数）
提交

图 15-7（添加图书页面）

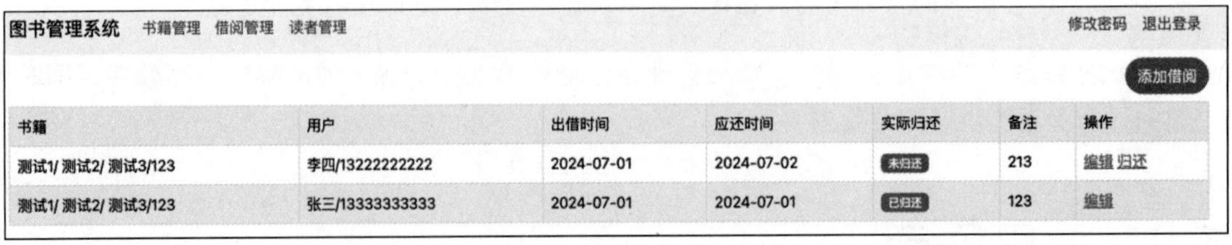
图书管理系统
书籍管理
借阅管理
读者管理
修改密码
退出登录
添加借阅
书籍
用户
出借时间
应还时间
实际归还
备注
操作
测试1/ 测试2/ 测试3/123
李四/13222222222
2024-07-01
2024-07-02
未归还
213
编辑 归还
测试1/ 测试2/ 测试3/123
张三/13333333333
2024-07-01
2024-07-01
已归还
123
编辑

图 15-8（借书管理页面）

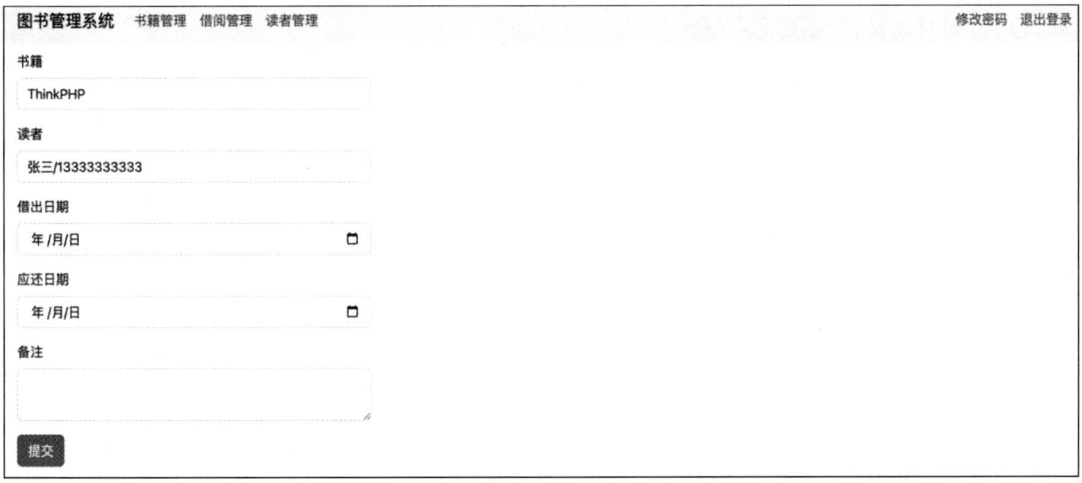

图书管理系统　书籍管理　借阅管理　读者管理　　　　　　　　　　　　　　修改密码　退出登录

书籍

ThinkPHP

读者

张三/13333333333

借出日期

年 /月/日

应还日期

年 /月/日

备注

提交

图 15-9（添加借阅页面）

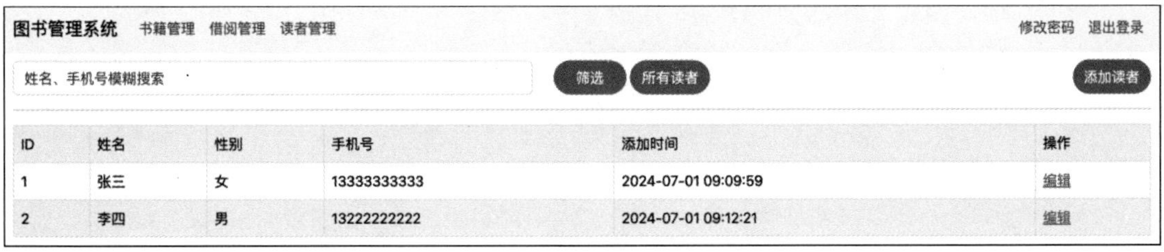

图书管理系统　书籍管理　借阅管理　读者管理　　　　　　　　　　　　　　修改密码　退出登录

姓名、手机号模糊搜索　　　　　　　　　　筛选　所有读者　　　　　　　　　添加读者

ID	姓名	性别	手机号	添加时间	操作
1	张三	女	13333333333	2024-07-01 09:09:59	编辑
2	李四	男	13222222222	2024-07-01 09:12:21	编辑

图 15-10（读者管理页面）

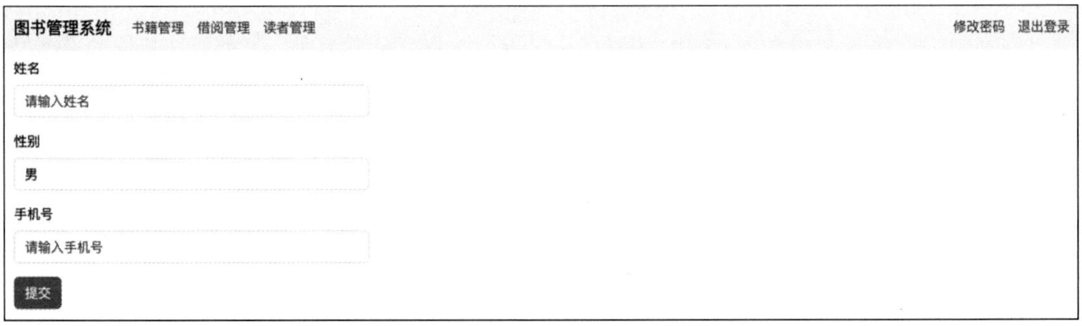

图书管理系统　书籍管理　借阅管理　读者管理　　　　　　　　　　　　　　修改密码　退出登录

姓名

请输入姓名

性别

男

手机号

请输入手机号

提交

图 15-11（添加读者页面）

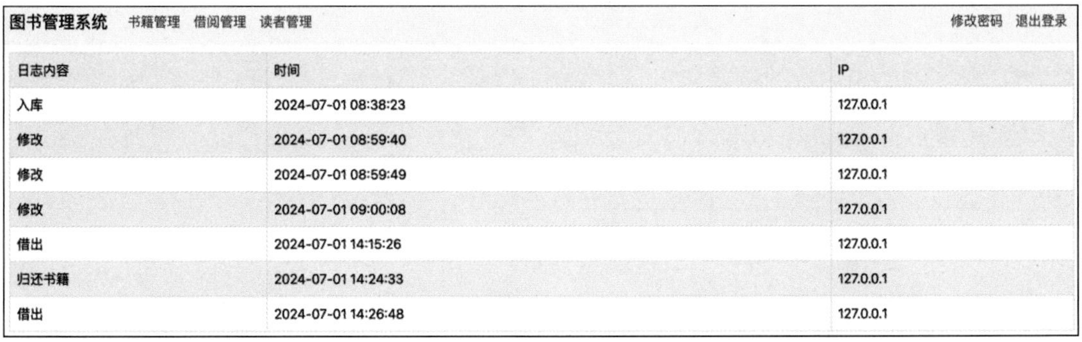

图书管理系统　书籍管理　借阅管理　读者管理　　　　　　　　　　　　　　修改密码　退出登录

日志内容	时间	IP
入库	2024-07-01 08:38:23	127.0.0.1
修改	2024-07-01 08:59:40	127.0.0.1
修改	2024-07-01 08:59:49	127.0.0.1
修改	2024-07-01 09:00:08	127.0.0.1
借出	2024-07-01 14:15:26	127.0.0.1
归还书籍	2024-07-01 14:24:33	127.0.0.1
借出	2024-07-01 14:26:48	127.0.0.1

图 15-12（图书日志页面）

15.9　部分代码示例

15.9.1　统一仓储类实现

1. 工厂基类

BaseObject 是工厂基类，子类直接调用 Factory 方法即可获得全局单例。

```php
class BaseObject
{
    private static $_instances = [];

    /**
     * @return static
     */
    public static function Factory()
    {
        if (!isset(self::$_instances[static::class])) {
            self::$_instances[static::class] = new static();
        }
        return self::$_instances[static::class];
    }
}
```

2. 抽象仓储类

AbstractRepository 提供常用 CURD 方法，modelClass 需要子类实现，子类提供具体的模型类名称后可以实例化对应模型的仓储类。

```php
abstract class AbstractRepository extends BaseObject
{
    /**
     * 模型类
     * @return string|Model
     */
    abstract protected function modelClass();

    /**
     * 新增数据
     * @param array $data
     * @return mixed
     * @throws Exception
     */
    public function insert(array $data)
    {
        $className = $this->modelClass();
        $model = new $className();
        $model->data($data);
        if (!$model->save()) {
```

```
            throw new Exception('新增失败');
        }
        return $model;
    }

    /**
     * 查找一条数据
     * @param array $conditions
     * @return mixed
     * @throws DataNotFoundException
     * @throws DbException
     * @throws ModelNotFoundException
     */
    public function findOne(array $conditions)
    {
        $className = $this->modelClass();
        return $className::where($conditions)->find();
    }

    /**
     * 更新数据
     * @param Model $model
     * @param array $data
     * @return mixed
     */
    public function update(Model $model, array $data)
    {
        return $model->save($data);
    }

    /**
     * 删除数据
     * @param array $conditions
     * @return int
     * @throws Exception
     */
    public function delete(array $conditions)
    {
        $className = $this->modelClass();
        $deleteCount = $className::where($conditions)->delete();
        if (!$deleteCount) {
            throw new Exception('删除失败');
        }
        return $deleteCount;
    }

    /**
     * 搜索列表
     * @param int $size
     * @param array $condition
```

```
 * @param null $column
 * @param null $keyword
 * @param array $with
 * @param array $orderBy
 * @param array $excludeFields
 * @return Paginator
 * @throws DbException
 */
public function listBySearch($size = 10, $condition = [], $column = null,
$keyword = null, $with = [], $orderBy = [])
{
    $className = $this->modelClass();
    $query = $className::with($with)->order($orderBy);
    if (!empty($keyword) && !empty($column)) {
        $query->whereLike($column, '%' . $keyword . '%');
    }
    if (!empty($condition)) {
        $query->where($condition);
    }
    return $query->paginate([
        'query' => request()->get(), //url 额外参数
        'var_page' => 'page', //分页变量
        'list_rows' => $size, //每页数量
    ]);
}


/**
 * 获取所有数据
 * @param array $conditions
 * @return array|Collection|Model[]
 * @throws DataNotFoundException
 * @throws DbException
 * @throws ModelNotFoundException
 */
public function all(array $conditions = [])
{
    $className = $this->modelClass();
    $model = new $className();
    if (!empty($conditions)) {
        $model->where($conditions);
    }
    return $model->select();
}
}
```

3. 仓储类

提供模型类到仓储类实例的映射关系管理，避免实例化多个相同模型的仓储示例，降低内存占用。

```
class Repository extends AbstractRepository
```

```
{
    private $modelClass;

    /**
     * @var array 仓储 [模型类=>仓储实例]
     */
    private static $repositories = [];

    /**
     * Repository constructor.
     * @param $modelClass
     */
    private function __construct($modelClass)
    {
        $this->modelClass = $modelClass;
    }

    /**
     * @param string $modelClass
     * @return AbstractRepository|mixed
     */
    public static function ModelFactory($modelClass)
    {
        if (!isset(self::$repositories[$modelClass])) {
            self::$repositories[$modelClass] = new Repository($modelClass);
        }
        return self::$repositories[$modelClass];
    }

    /**
     * 模型类
     * @return string|Model
     */
    protected function modelClass()
    {
        return $this->modelClass;
    }
}
```

4. 调用示例

下面以管理员注册为例演示一下仓储类的使用。

```
/**
 * 注册
 * @param string $username
 * @param string $password
 * @return mixed|Admin
 */
public function register($username, $password)
```

```
{
    $admin = Repository::ModelFactory(Admin::class)->findOne(['username' =>
$username]);
    if (!empty($admin)) {
        throw new Exception('管理员已存在');
    }
    return Repository::ModelFactory(Admin::class)->insert([
        'username' => $username,
        'password' => password_hash($password, PASSWORD_DEFAULT),
        ]);
}
```

15.9.2　图书借阅实现

图书借阅是图书管理系统的核心业务逻辑，包含图书状态校验、借阅数据记录以及图书日志等操作。图书借阅采用了闭包调用事务的方法，如果闭包函数中未抛出异常则事务自动提交；如果抛出了异常则自动回滚事务。整个事务是透明的，开发人员只要安心处理业务逻辑即可。

```
/**
 * 借出
 * @param $bookId
 * @param $userId
 * @param $adminId
 * @param $ip
 * @param array $data
 * @return mixed
 */
public function lend($bookId, $userId, $adminId, $ip, array $data)
{
    $data = ArrayHelper::filter($data, ['lending_date', 'should_return_date',
'remark']);
    return Db::transaction(function () use ($bookId, $userId, $adminId, $ip,
$data) {
        $book = BookService::Factory()->findOne($bookId);
        if ($book->status != Book::STATUS_NORMAL) {
            throw new Exception('该图书已借出');
        }
        if (strtotime($data['should_return_date']) <
strtotime($data['lending_date'])) {
            throw new Exception('应还日期错误');
        }
        Repository::ModelFactory(Book::class)->update($book, ['status' =>
Book::STATUS_LEND]);
        // 借出记录
        Repository::ModelFactory(BookLending::class)->insert([
            'book_id' => $bookId,
            'user_id' => $userId,
            'lending_date' => $data['lending_date'],
            'should_return_date' => $data['should_return_date'],
            'return_at' => 0,
```

```
                'remark' => $data['remark']
        ]);
        // 日志
        AdminService::Factory()->log($adminId, AdminLog::ACTION_LEND_BOOK, '图
书借出', ['book_id' => $bookId, 'user_id' => $userId], $ip);
        BookService::Factory()->log($bookId, BookLog::ACTION_LEND, '借出',
['admin_id' => $adminId], $ip);
        return $book;
    });
}
```

15.10　项目总结

随着本章内容的圆满结束，我们深入探讨了 Repository 与 Service 的分层架构设计。这种架构模式不仅为项目开发提供了一种高效、实用的解决方案，而且在多人协作开发中很有价值。它允许开发团队成员在各自的层级上独立工作，遇到问题时只需在本层进行处理，从而大大提高了开发效率和协作的流畅性。

值得一提的是，Repository 和 AbstractRepository 在模型处理上的应用。通过工厂方法，只需传递模型类名，即可轻松实现内置的 CURD（创建、读取、更新、删除）查询操作，这无疑为开发人员提供了极大的便利。

本章还重点介绍了工厂模式和模板方法模式这两种设计模式。它们在软件开发中被广泛采用，具有极高的实用价值。建议读者深入理解这两种模式的精髓，因为它们是降低软件开发复杂度、提升系统可维护性和可扩展性的关键。设计模式的终极目标是实现"对扩展开放，对修改封闭"的理念，这有助于我们在面对需求变更时，能够以最小的改动适应变化，保持系统的稳定性和可维护性。

15.11　项目代码

本项目已经托管到 github.com，地址为 https://github.com/xialeistudio/ThinkPHP 8-In-Action/tree/main/library-management。读者有任何问题都可以在 github.com 上提问。

第 16 章

论坛系统开发

论坛，也称为网络论坛，是互联网上的一种电子信息交换平台。它类似于一个公共的电子公告板，允许用户自由地在上面发布信息或表达观点。这种平台以其高度的互动性、丰富的内容和即时性而著称，为用户提供了一个即时的信息交流环境。在 BBS 论坛上，用户不仅可以获取各类信息息服务，还可以发布自己的信息、参与讨论、进行在线聊天等活动。

之前介绍的博客系统在当前的社交互动方面稍显不足，而论坛（BBS）恰好弥补了这一缺陷。通过发起人发布主题，其他成员可以在该主题下发表自己的回复和看法，实现了观点的多元化交流。这种模式有效地解决了博客系统中互动性不足的问题，促进了社区成员之间的深入讨论和思想碰撞。

16.1 运行示例项目

在正式进入学习前，读者可以先利用本书配套的源码部署一下系统。部署流程如下：

（1）在浏览器中打开 https://github.com/xialeistudio/ThinkPHP 8-In-Action，下载相应的项目源码。

（2）下载完成之后进行解压，进入 forum 目录，使用命令行导入或者在 Workbench 中导入 bbs.sql 到 MySQL 数据库。

（3）接下来，在 forum 根目录新建".env"文件，内容如下（读者可自行更改数据库连接信息）：

```
APP_DEBUG=true

DB_TYPE=mysql
DB_HOST=127.0.0.1
DB_NAME=bbs
DB_USER=root
DB_PASS=111111
DB_PORT=3306
```

```
DB_CHARSET=utf8mb4
DB_PREFIX=bbs_
DEFAULT_LANG=zh-cn
```

（4）打开终端，进入 blog 目录后执行 composer install 安装依赖。

（5）安装成功后再执行 php think admin:add admin 111111 命令添加管理员，账号是 admin，密码是 111111，读者可以自行更改账号和密码。

（6）最后执行 php think run 命令启动服务器，在浏览器中访问 http://0.0.0.0:8000/admin.auth/signin，登录后可以看到如图 16-1 所示界面。

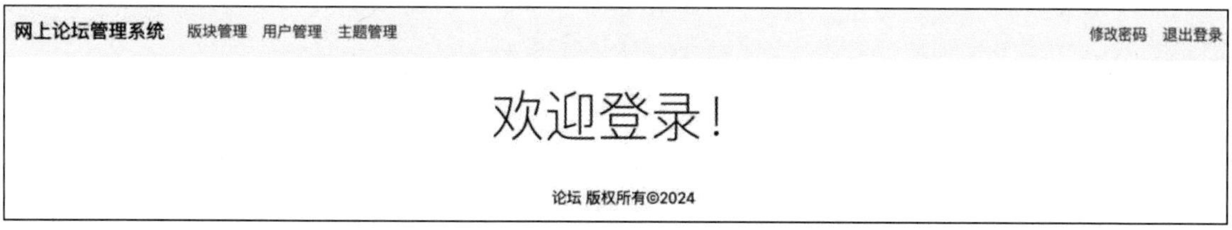

图 16-1

16.2　项目目的

本节通过构建一个完整的论坛系统，以 ThinkPHP 框架为基础，不仅涵盖了论坛系统的核心功能，如板块管理和主题管理，还深入探索了 ThinkPHP 框架的高级特性。这些特性包括验证码生成、文件上传、富文本编辑器，以及复杂的模板状态判断等。通过这一实践，我们旨在深化读者对于这些功能的认识，使读者能够更加熟练地将这些知识应用到实际的学习和工作场景中，从而提升开发效率和项目质量。

16.3　需求分析

熟悉论坛的用户都清楚，一个论坛系统通常包含以下核心功能：

● 主题发布与回复功能：这是论坛系统的核心，要求用户必须有效登录后才能发帖或回复。这涉及用户认证系统以及主题和回复的管理机制。

● 内容管理：发布后的主题和回复需要进行监管，如有违规内容，管理员需及时进行编辑或删除，确保论坛内容的合规性。

● 板块划分：论坛通常由多个板块组成，每个板块专注于特定主题，且通常设有独立的板块管理员，负责该板块的日常管理。

16.4   功能分析

结合需求分析和用户在论坛的实际操作经验，我们可以归纳出以下主要功能：

- 主题/回复管理：涵盖发布、编辑、删除主题和回复，以及帖子操作的日志记录。
- 用户管理：包括用户注册、登录，以及用户列表的管理。
- 板块管理：涉及板块的添加、编辑和删除等操作。
- 管理员功能：包括管理员的添加、密码修改，以及日志记录等。

16.5   模块设计

基于需求和功能分析，我们可以确定论坛系统的模块划分。模块之间的关系相对简单，而较为复杂的业务流程，如帖子发布，涉及主题写入、用户积分更新、发帖数统计以及板块帖子数的更新等。

模块划分通常采用基于主体的方法。本章介绍的论坛系统涉及的主体包括用户、主题、回复、管理员、板块收藏等。基于这些主体，我们可以构建出如图 16-2 所示的模块结构，这有助于清晰地组织和实现系统功能。

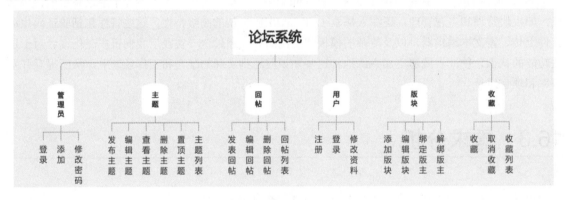

图 16-2

16.6   数据库设计

模块结构一般可以反映出数据库结构，根据图 16-2 所示的模块结构可以得出以下数据表：

- 管理员模块：admin。
- 主题模块：topic、topic_score_log（主题积分日志）。
- 回帖模块：reply。

- 用户模块：user、user_score_log（用户积分日志）。
- 版块模块：forum、forum_admin（版主表）。
- 收藏模块：favorite。

16.6.1　数据库表关系

数据库依旧采用 MySQL Workbench 进行建模，该软件是 MySQL 官方开发的，能够很好地切合 MySQL 数据库功能、特性等。数据库表关系如图 16-3 所示。

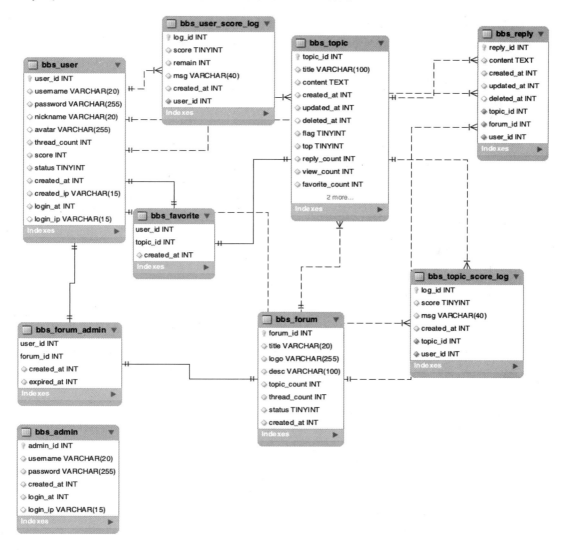

图 16-3

16.6.2　数据库表关系说明

观察图 16-4，我们可以清晰地看到 bbs_user 表和 bbs_topic 表与系统中其他表之间存在广泛的联系。这种紧密的联系源于论坛系统的核心功能——帖子发布，这一功能是大多数其他功能的基石。

特别值得关注的是版主表和收藏表的设计。版主表的设计允许一个用户在多个板块中担任版主角色，同时，一个板块也可以由多位用户共同管理。然而，为保证角色的唯一性，同一用户在同一板块内只能担任一次版主。因此，通过将用户 ID 与板块 ID 相结合，我们能够确保每条版主记录的唯一性，这种组合也构成了版主表的复合主键。

收藏表的设计原则与版主表相似。用户可以收藏多个不同的主题，而一个主题也可能被多个用户所收藏。为了避免重复，同一用户对同一主题的收藏只能记录一次。因此，用户 ID 与主题 ID 的组合确保了每条收藏记录的唯一性，这一组合同样构成了收藏表的复合主键。

至于系统中的其他表，它们之间大多遵循简单的从属关系，这里不再进行详细阐述，以免造成不必要的冗余。

16.6.3　数据库字典

数据库中各表的说明如表 16-1~表 16-9 所示。

表 16-1　bbs_admin（管理员表）

字段名称	字段类型	字段说明	字段属性
admin_id	int	管理员 ID	AI/NN/UN/PK
username	varchar(20)	账号	NN/UQ
password	varchar(255)	密码	NN
created_at	int	添加时间	NN
login_at	int	最后登录时间	NN
login_ip	varchar(15)	最后登录 IP	NULL

表 16-2　bbs_favorite（收藏表）

字段名称	字段类型	字段说明	字段属性
user_id	int	用户 ID	PK/NN/UN
topic_id	int	主题 ID	PK/NN/UN
created_at	int	收藏时间	NN

表 16-3　bbs_forum（版块表）

字段名称	字段类型	字段说明	字段属性
forum_id	int	版块 ID	PK/AI/NN/UN
title	varchar(20)	版块名称	NN
logo	varchar(255)	版块 LOGO 图片链接	NN
desc	varchar(100)	版块简介	NN
topic_count	int	主题数	NN
thread_count	int	回复数	NN
status	tinyint	状态	NN
created_at	int	添加时间	NN

表 16-4 bbs_forum_admin（版主表）

字段名称	字段类型	字段说明	字段属性
user_id	int	用户 ID	PK/UN/NN
forum_id	int	版块 ID	PK/UN/NN
created_at	int	任职时间	NN
expired_at	int	到期时间	NN

表 16-5 bbs_reply（回复表）

字段名称	字段类型	字段说明	字段属性
reply_id	int	回复 ID	PK/UN/NN/AI
content	text	回复内容	NN
created_at	int	回复时间	NN
updated_at	int	编辑时间	NN
deleted_at	int	删除时间	NULL
topic_id	int	主题 ID	NN/UN
forum_id	int	版块 ID	NN/UN
user_id	int	用户 ID	NN/UN

表 16-6 bbs_topic（主题表）

字段名称	字段类型	字段说明	字段属性
topic_id	int	主题 ID	PK/UN/NN/AI
title	varchar(100)	主题标题	NN
content	text	主题内容	NN
created_at	int	发布时间	NN
updated_at	int	编辑时间	NN
deleted_at	int	删除时间	NULL
flag	tinyint	选项开关	NN
top	tinyint	置顶开关	NN
reply_count	int	回复数	NN
view_count	int	查看数	NN
favorite_count	int	收藏数	NN
forum_id	int	版块 ID	NN/UN
user_id	int	用户 ID	NN/UN

表 16-7 bbs_topic_score_log（主题日志表）

字段名称	字段类型	字段说明	字段属性
log_id	int	日志 ID	PK/UN/NN/AI
score	tinyint	积分	NN
msg	varchar(40)	日志内容	NN
created_at	int	记录时间	NN
topic_id	int	主题 ID	NN/UN
user_id	int	用户 ID	NN/UN

表 16-8 bbs_user（用户表）

字段名称	字段类型	字段说明	字段属性
user_id	int	用户 ID	PK/AI/NN/UN
username	varchar(20)	账号	NN/UN
password	varchar(255)	密码	NN
nickname	varchar(20)	昵称	NULL
avatar	varchar(255)	头像	NULL
thread_count	int	发帖数	NN
score	int	积分	NN
status	tinyint	状态	NN
created_at	int	注册时间	NN
created_ip	varchar(15)	注册 IP	NN
login_at	int	登录时间	NN
login_ip	varchar(15)	登录 IP	NULL

表 16-9 bbs_user_score_log（帖子积分日志）

字段名称	字段类型	字段说明	字段属性
log_id	int	日志 ID	PK/AI/NN/UN
score	int	积分变动	NN
remain	int	剩余积分	NN
msg	varchar(40)	变动原因	NN
created_at	int	日志时间	NN
user_id	int	用户 ID	UN/NN

16.7 效果展示

论坛系统中涉及的界面效果如图 16-4~图 16-19 所示。

图 16-4（初始页面）

图 16-5（首页页面）

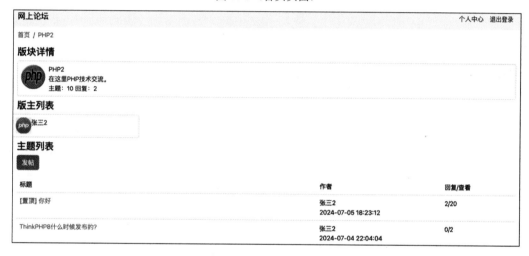

图 16-6（版块详情页面）

图 16-7（帖子详情页面）

图 16-8（发主题帖页面）

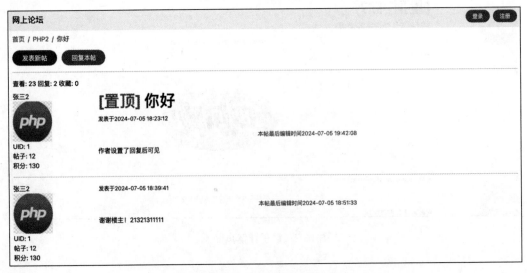

图 16-9（回复帖子页面）

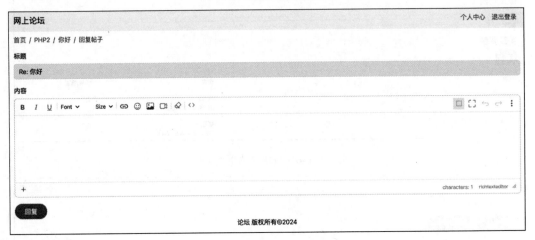

图 16-10（未登录查看回复后可见主题页面）

ID	主题	版块	发表时间	编辑时间	查看/回复
23	你好	PHP2	2024-07-05 18:23:12	2024-07-05 19:42:08	23/2
21	ThinkPHP8什么时候发布的?	PHP2	2024-07-04 22:04:04	2024-07-05 19:38:54	2/0
19	大大大	PHP2	2024-07-04 22:03:02	2024-07-04 22:03:02	0/0
18	大大大	PHP2	2024-07-04 22:02:05	2024-07-04 22:02:05	0/0
17	大大大	PHP2	2024-07-04 22:01:57	2024-07-04 22:01:57	0/0
16	阿萨大师	PHP2	2024-07-04 22:00:56	2024-07-04 22:00:56	0/0
15	测试帖子	PHP2	2024-07-04 22:00:25	2024-07-04 22:00:25	0/0
14	测试帖子	PHP2	2024-07-04 22:00:17	2024-07-04 22:00:17	0/0
12	测试帖子	PHP2	2024-07-04 21:57:59	2024-07-04 21:57:59	0/0
11	测试发布	PHP2	2024-07-04 21:52:15	2024-07-04 21:52:15	0/0

网上论坛　主题管理　回复管理　收藏管理　　　　个人资料　退出登录

论坛 版权所有©2024

图 16-11（用户主题列表页面）

网上论坛　主题管理　回复管理　收藏管理　　　　个人资料　退出登录

个人中心 / 回复列表

ID	主题	发表时间	编辑时间	查看/回复	版块	回复时间
4	你好	2024-07-05 18:23:12	2024-07-05 19:42:08	23/2	PHP2	2024-07-05 18:39:41
5	你好	2024-07-05 18:23:12	2024-07-05 19:42:08	23/2	PHP2	2024-07-05 18:41:03

论坛 版权所有©2024

图 16-12（用户回复列表页面）

网上论坛　主题管理　回复管理　收藏管理　　　　个人资料　退出登录

个人中心 / 收藏列表

主题	收藏时间	操作
ThinkPHP8什么时候发布的?	2024-07-05 19:36:00	删除

论坛 版权所有©2024

图 16-13（用户收藏列表页面）

个人中心 / 编辑资料

账号

xialei

密码

为空则不修改

昵称

张三2

头像 php

选择文件　未选择任何文件

积分

130

帖子数

12

最近登录时间

2024-07-05 18:18:38

保存

图 16-14（用户资料编辑页面）

图 16-15（后台版块管理页面）

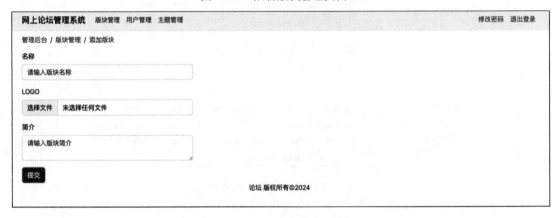

图 16-16（后台添加板块页面）

图 16-17（后台版主管理页面）

图 16-18（后台用户管理页面）

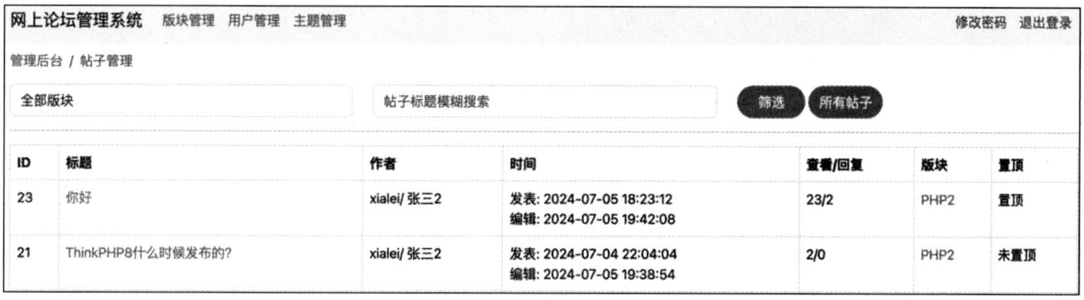

网上论坛管理系统	版块管理　用户管理　主题管理				修改密码　退出登录	

管理后台 / 帖子管理

全部版块		帖子标题模糊搜索		筛选　　所有帖子		

ID	标题	作者	时间	查看/回复	版块	置顶
23	你好	xialei/ 张三2	发表: 2024-07-05 18:23:12 编辑: 2024-07-05 19:42:08	23/2	PHP2	置顶
21	ThinkPHP8什么时候发布的?	xialei/ 张三2	发表: 2024-07-04 22:04:04 编辑: 2024-07-05 19:38:54	2/0	PHP2	未置顶

图 16-19（后台主题管理页面）

16.8　代码示例

16.8.1　文件上传

文件上传类接收一个 File 对象，该对象由控制器从 HTTP 请求中获取后传递给上传类。

1. 上传类

上传类代码如下：

```
class UploadService extends BaseObject
{
    /**
     * 上传
     * @param File $file
     * @return string
     * @throws Exception
     */
    public function upload(File $file)
    {
        return '/storage/' . Filesystem::disk('public')->putFile('topic',
$file);
    }
}
```

2. 控制器

控制器（以添加板块为例）代码如下：

```
public function add()
{
    if ($this->adminId() == 0) {
        return $this->adminLoginRequired();
    }
    if (request()->isPost()) {
        $data = request()->post();
        try {
```

```
            $this->validate($data, [
                'title|标题' => 'require|max:20',
                'desc|简介' => 'require|max:100'
            ]);
        } catch (\Exception $e) {
            return $this->error($e->getMessage());
        }
        $logo = request()->file('logo');
        if (empty($logo)) {
            return $this->error('请上传 logo');
        }
        $data['logo'] = UploadService::Factory()->upload($logo);
        ForumService::Factory()->add($data);
        return $this->success('添加成功', '/admin.forum/index');
    }
    return view('add');
}
```

16.8.2　可选的 LOGO 编辑

编辑表单中如果存在文件，那么处理起来就会比较复杂，其原因如下：

（1）文件句柄不能够直接通过$_POST 接收，而需要通过$_FILES 接收。

（2）LOGO 是可选的，如果不上传，则会使用现有的 LOGO。

下面以板块 LOGO 编辑为例，演示如何实现可选的 LOGO 编辑。

1. 表单

我们使用一个 hidden 类型的字段保存现有的 LOGO，用 file 类型的字段提供文件上传功能。如果未上传文件，则 hidden 类型字段的 LOGO 值继续使用；如果上传了文件，则控制器会优先使用该文件作为新的 LOGO。下面代码已省略非关键代码：

```
<form action="" method="post" class="col-4" enctype="multipart/form-data">
    <input type="hidden" name="logo" value="{$forum.logo}">
    <div class="mb-3">
        <label for="logo" class="form-label">LOGO</label>
        <img src="{$forum.logo}" width="64" class="mb-1">
        <input type="file" class="form-control" accept="image/*" name="logo"
id="logo" placeholder="请上传 LOGO" maxlength="20">
    </div>
    <button type="submit" class="btn btn-primary">提交</button>
</form>
```

2. 控制器

控制器代码如下：

```
public function update()
{
    if ($this->adminId() == 0) {
```

```
            return $this->adminLoginRequired();
    }
    $forumId = request()->get('id');
    if (empty($forumId)) {
        return $this->error('参数错误');
    }
    if (request()->isPost()) {
        $data = request()->post();
        try {
            $this->validate($data, [
                'title|标题' => 'require|max:20',
                'desc|简介' => 'require|max:100'
            ]);
        } catch (\Exception $e) {
            return $this->error($e->getMessage());
        }
        try {
            $logo = request()->file('logo');
            if (!empty($logo)) {
                $data['logo'] = UploadService::Factory()->upload($logo);
            }
        } catch (\Exception $e) {
            // 未上传文件会抛出异常, 此处忽略
        }
        ForumService::Factory()->update($forumId, $data);
        return $this->success('编辑成功', '/admin.forum/index');
    }
    $forum = ForumService::Factory()->show($forumId);
    return view('update', [
        'forum' => $forum
    ]);
}
```

16.8.3　分页代码保存 GET 参数

paginate 方法的第一个参数如果是数字, 则直接作为分页大小进行分页; 如果有其他 GET 参数, 则在第二页以后会丢失, 通过查阅框架源码发现 paginate 方法可以接受数组参数, 那么可以传入 query 来保留 GET 参数, 代码如下:

```
public function listWithTopicWithForumByUser($userId, $size = 10)
{
    $query = Reply::where('user_id', $userId);
    $query->with([
        'topic',
        'forum'
    ]);
    $query->withoutField(['content']);
    return $query->paginate([
        'list_rows' => $size,
        'query' => request()->get()
```

```
    ]);
    }
```

16.8.4　主题详情

主题详情需要处理的逻辑很多，比如增加点击量，回复可见的处理以及权限处理等，在视图层也可以使用模板语言来判断权限。由于本项目使用了位运算来管理主题标志位，在视图层进行位运算有点麻烦，因此该逻辑放在控制器层来实现：

```
public function show(Request $request)
{
    $topicId = $request->get('id');
    if (empty($topicId)) {
        $this->error('你的请求有误');
    }
    try {
        TopicService::Factory()->view($topicId, $request->ip(),
$this->userId());
        $topic = TopicService::Factory()->showWithUserWithForum($topicId);
        $replies = ReplyService::Factory()->listWithUserByTopic($topicId);
        $canView = !$topic->flag ||
ReplyService::Factory()->hasReplied($topicId, $this->userId());
        $canAccess = TopicService::Factory()->shouldAccess($this->userId(),
$topic);
        $isAdmin = ForumAdminService::Factory()->isAdmin($this->userId(),
$topic->forum_id);
        $isFavorite = FavoriteService::Factory()->isFavorite($this->userId(),
$topicId);
        return view('show', [
            'topic' => $topic,
            'replies' => $replies,
            'firstPage' => $request->get('page', 1) == 1,
            'canView' => $canView || $canAccess,
            'canAccess' => $canAccess,
            'userId' => $this->userId(),
            'isAdmin' => $isAdmin,
            'isFavorite' => $isFavorite
        ]);
    } catch (Exception $e) {
        $this->error($e->getMessage());
    }
}
```

视图层的代码如下：

```
<layout name="layout/main"/>
<nav aria-label="breadcrumb" class="mt-2">
    <ol class="breadcrumb">
    <li class="breadcrumb-item"><a href="{:url('/')}">首页</a></li>
    <li class="breadcrumb-item"><a href="{:url('/forum/show',
```

```
['id'=>$topic['forum']['forum_id']])}">{$topic.forum.title}</a>
        </li>
        <li class="breadcrumb-item active" aria-current="page">{$topic.title}</li>
        </ol>
    </nav>


    <div class="mt-2">
    <a href="{:url('/topic/publish',['forum_id'=>$topic['forum_id']])}"
class="btn btn-primary rounded-pill px-4 me-2">发表新帖</a>
    <a href="{:url('/topic/reply',['topic_id'=>$topic['topic_id']])}"
      class="btn btn-secondary rounded-pill px-4">回复本帖</a>
    </div>
    <hr>
    <div>查看: {$topic.view_count} 回复: {$topic.reply_count} 收藏:
{$topic.favorite_count}</div>
    <div class="row mt-2">
        <div class="col-md-2">
            <div>
            <empty name="topic.user.nickname">
                无昵称
                <else/>
                {$topic.user.nickname}
            </empty>
            </div>
        <img src="{$topic.user.avatar|raw}" class="img-with-placeholder"
width="100" height="100" alt="">
        <div>UID: {$topic.user_id}</div>
        <div>帖子: {$topic.user.thread_count}</div>
        <div>积分: {$topic.user.score}</div>
    </div>
    <div class="col-md-10">
        <h1>
            <eq name="topic.top" value="1">
                <strong class="text-danger">[置顶]</strong>
            </eq>
            {$topic.title}
        </h1>
        <p>
            <small>发表于{$topic.created_at}</small>
            <eq name="canAccess" value="1">
                <small><a href="{:url('/topic/update',['id'=>$topic['topic_id']])}">
编辑</a></small>
                <small><a href="{:url('/topic/delete',['id'=>$topic['topic_id']])}"
                    onclick="return confirm('确认操作吗?')">删除</a></small>
            </eq>
        </p>
        <neq name="topic.created_at" value="$topic.updated_at">
            <p class="text-center text-muted">
                <small>本帖最后编辑时间{$topic.updated_at}</small>
            </p>
```

```
        </neq>
        <div class="content">
            <eq name="canView" value="1">
                {$topic.content|raw}
                <else/>
                作者设置了回复后可见
            </eq>
        </div>
        <notempty name="Request.session.user">
            <eq name="isFavorite" value="1">
                <a href="{:url('/topic/unfavorite',['id'=>$topic['topic_id']])}">取
消收藏</a>
                <else/>
                <a href="{:url('/topic/favorite',['id'=>$topic['topic_id']])}">收藏
</a>
            </eq>
            <eq name="isAdmin" value="1">
                <eq name="topic.top" value="1">
                    <a href="{:url('/topic/untop',['id'=>$topic['topic_id']])}"
onclick="return confirm('确认操作吗?')">取消置顶</a>
                    <else/>
                    <a href="{:url('/topic/top',['id'=>$topic['topic_id']])}"
                        onclick="return confirm('确认操作吗?')">置顶</a>
                </eq>
            </eq>
        </notempty>

    </div>
</div>
<hr>
<volist name="replies" id="reply">
<div class="row">
    <div class="col-md-2">
        <!--用户-->
        <div class="nickname">
            <empty name="reply.user.nickname">
                无昵称
                <else/>
                {$reply.user.nickname}
            </empty>
        </div>
        <img src="{$reply.user.avatar|raw}" class="img-with-placeholder"
width="100" height="100" alt="">
        <div>UID: {$reply.user_id}</div>
        <div>帖子: {$reply.user.thread_count}</div>
        <div>积分: {$reply.user.score}</div>
    </div>
    <div class="col-md-10">
        <p>
            <small>发表于{$reply.created_at}</small>
```

```
                    <eq name="isAdmin" value="1">
                    </eq>
                    <if condition="$isAdmin OR $userId == $reply['user_id']">
                        <small><a
href="{:url('/reply/update',['id'=>$reply['reply_id']])}">编辑</a></small>
                        <small><a
href="{:url('/reply/delete',['id'=>$reply['reply_id']])}"
                            onclick="return confirm('确认操作吗?')">删除</a></small>
                    </if>
            </p>
            <neq name="reply.created_at" value="$reply.updated_at">
                <p class="text-center text-muted">
                    <small>本帖最后编辑时间{$reply.updated_at}</small>
                </p>
            </neq>
            <div class="content">{$reply.content|raw}</div>
        </div>
    </div>
    <hr>
    </volist>
    <nav class="mt-2">
        {$replies->render()|raw}
    </nav>
```

16.8.5 仓储层设计

仓储层基于抽象类进行设计，提供常用的数据操作方法，子类也可以继承后扩展自己的方法。

1. 基类

基类的 modelClass 参数提供了泛化能力，通过子类提供的模型类完成具体模型的实例化，该设计模式很常用，读者可以仔细研读。代码如下：

```
abstract class Repository extends BaseObject
{
    /**
     * 模型类
     * @return string|Model
     */
    abstract protected function modelClass();

    /**
     * 新增数据
     * @param array $data
     * @return mixed|Model
     */
    public function insert(array $data)
    {
        $className = $this->modelClass();
        /** @var Model $model */
```

```php
        $model = new $className();
        if(!$model->save($data)) {
            throw new Exception('新增失败');
        };
        return $model;
    }


    /**
     * 查找一条数据
     * @param array $conditions
     * @return Model
     * @throws DbException
     */
    public function findOne(array $conditions)
    {
        $className = $this->modelClass();
        return $className::where($conditions)->find();
    }


    /**
     * 更新数据
     * @param Model $model
     * @param array $data
     * @return mixed|Model
     */
    public function update(Model $model, array $data)
    {
        return $model->save($data);
    }


    /**
     * 删除数据
     * @param array $conditions
     * @return int
     * @throws Exception
     */
    public function delete(array $conditions)
    {
        $className = $this->modelClass();
        $deleteCount = $className::where($conditions)->delete();
        if (!$deleteCount) {
            throw new Exception('删除失败');
        }
        return $deleteCount;
    }


    /**
     * 分页数据
     * @param int $size
     * @param array $conditions
```

```
 * @return Paginator
 * @throws DbException
 */
public function listByPage($size = 10, array $conditions = [])
{
    $className = $this->modelClass();
    return $className::where($conditions)->paginate([
        'list_rows' => $size,
        'query' => request()->get()
    ]);
}


/**
 * 获取所有数据
 * @param array $conditions
 * @return false|PDOStatement|string|Collection
 * @throws DbException
 * @throws DataNotFoundException
 * @throws ModelNotFoundException
 */
public function all(array $conditions = [])
{
    $className = $this->modelClass();
    $query = $className::query();
    if (!empty($conditions)) {
        $query->where($conditions);
    }
    return $query->select();
}
}
```

2. 子类（以收藏为例）

收藏仓储类的 modelClass 方法返回 Favorite::class，并且扩展了 listWithTopicByUser 方法。代码如下：

```
class FavoriteRepository extends Repository
{
    protected function modelClass()
    {
        return Favorite::class;
    }


    /**
     * 根据用户获取收藏列表
     * @param int $userId
     * @param int $size
     * @return Paginator
     * @throws DbException|\think\db\exception\DbException
     */
    public function listWithTopicByUser($userId, $size = 10)
```

```
    {
        $query = Favorite::where('user_id', $userId);
        $query->with(['topic']);
        $query->order(['created_at' => 'desc']);
        return $query->paginate([
            'list_rows' => $size,
            'query' => request()->get()
        ]);
    }
}
```

16.8.6　修改密码

修改密码时需要提供现有密码以及新密码，并且新密码需要二次确认。

1. 控制器

控制器通过判断请求方法将视图逻辑和处理逻辑写在一个方法中，这样减少了控制器方法膨胀。当然，如果处理方法逻辑很复杂，还是建议拆分为新方法。

```
public function changepwd()
{
    if(request()->isPost()) {
        $data = request()->post();
        try {
            $this->validate($data, [
                'old_password|旧密码' => 'require',
                'new_password|新密码' => 'require',
                'confirm_password|确认密码' => 'require|confirm:new_password'
            ]);
        } catch (\Exception $e) {
            return $this->error($e->getMessage());
        }
        try {
            AdminService::Factory()->changePassword($this->adminId(),
$data['old_password'], $data['new_password']);
            return $this->success('修改成功', '/admin');
        } catch (\Exception $e) {
            return $this->error($e->getMessage());
        }
    }
    return view('changepwd');
}
```

2. 视图层

视图层代码如下：

```
<form action="{:request()->url()}" method="post" class="m-auto mt-5 col-4">
    <fieldset>
        <div class="mb-3">
```

```
            <label for="old_password" class="form-label">当前密码</label>
            <input type="password" class="form-control" name="old_password"
id="old_password" required placeholder="请输入当前密码">
        </div>
        <div class="mb-3">
            <label for="new_password" class="form-label">新密码</label>
            <input type="password" class="form-control" name="new_password"
id="new_password" required placeholder="请输入新密码">
        </div>
        <div class="mb-3">
            <label for="confirm_password" class="form-label">确认密码</label>
            <input type="password" class="form-control" name="confirm_password"
id="confirm_password" required placeholder="请再次输入新密码">
        </div>
        <div class="text-center">
            <button type="submit" class="btn btn-primary">修改密码</button>
        </div>
    </fieldset>
</form>
```

16.9　项目总结

本章介绍了的论坛系统项目的开发，需要强调的是，本章所采用的 Repository 模式与上一章有所区别。在遇到模型需要特殊处理的 Repository 方法时（例如，涉及复杂查询条件），我们为每个模型定制了专属的 Repository 类，这导致了本章中仓储层的类数量较多。

本章的项目规模较大，从系统运行的截图中，读者可以明显看出涉及的界面和功能相当丰富。由于在开发之前进行了详尽的分析，开发过程本身相对顺畅，主要工作集中在功能的实现上，而无须在开发过程中重新考虑模块架构的问题。这种"功能填充"的开发方式，确保了开发效率和项目质量。

16.10　项目代码

本项目已经托管到 github.com，地址为 https://github.com/xialeistudio/ThinkPHP 8-In-Action/tree/main/forum。读者有任何问题都可以在 github.com 上提问。

第 17 章

微信小程序商城系统开发

微信小程序已经成为一个家喻户晓的概念，作为依托于微信庞大用户基础的应用程序平台，微信小程序通过其特有的 wxml、js、wxss 等开发语言，为用户提供了一种"即用即走"的便捷体验。这种轻量级的应用模式，巧妙地解决了传统 APP 需要下载安装的问题，大幅降低了用户的使用门槛，同时显著提升了用户体验。

17.1 运行示例项目

在正式进入学习前，读者可以先利用本书配套的源码部署一下系统。部署流程如下：

（1）在浏览器中打开 https://github.com/xialeistudio/ThinkPHP 8-In-Action，下载本实战项目源码。

（2）下载完成之后进行解压，进入 mall-php 目录，导入 mall.sql 到 MySQL 数据库中。

（3）接下来，在 mall-php 根目录新建 ".env" 文件，内容如下（读者可根据自己的连接信息自行更改相关配置项）：

```
APP_DEBUG=true

DB_TYPE=mysql
DB_HOST=127.0.0.1
DB_NAME=mall
DB_USER=root
DB_PASS=111111
DB_PORT=3306
DB_CHARSET=utf8mb4
DB_PREFIX=m_
DEFAULT_LANG=zh-cn
```

（4）打开命令行终端，进入 blog 目录后执行 composer install 安装依赖。

（5）最后执行 php think run 启动服务器，使用浏览器访问 http://localhost:8000/admin.auth/login，在打开的登录页面上输入账号为 admin，密码为 123456，登录后可以看到如图 17-1 所示的界面。

图 17-1

17.2　项目目的

在本章中，我们将通过 ThinkPHP 8 框架来构建一个微信小程序商城项目，旨在实现用户在线下单和购买的功能。通过这一实践，我们希望帮助读者深入了解 ThinkPHP 8 在 API 开发以及微信小程序开发中的应用流程，从而加深读者对这一技术栈的认识。

17.3　需求分析

相信读者对淘宝、京东等电商平台并不陌生。电商应用的核心功能在于简化用户的购物流程：用户挑选商品、完成支付、接收货物，最后对购买的商品进行评价，至此，一次购物体验便画上了圆满的句号。

尽管电商的基本流程听起来简单明了，但在细节上却有着诸多考量，比如在下单时需要处理商品属性的多样化组合、参与各种促销活动，以及商品评价系统的构建等。这些细节问题对于提升用户体验至关重要。

在本章中，我们将重点实现一个商城项目的核心功能——下单和支付流程。虽然我们不会涵盖所有可能的功能，但通过这一核心流程的实现，读者可以对电商系统的基本架构有一个清晰的了解。

此外，考虑到小程序的微信支付功能对于个人开发者而言流程相对烦琐，本章中的支付环节将简化处理，主要体现为订单状态的更新，而非实际的支付操作。这样的处理方式有助于我们集中精力于电商系统的核心逻辑，同时也避免了复杂的支付集成问题。

17.4　功能分析

根据常用电商应用的功能以及笔者的使用经历可以大致得出以下功能点：

- 商品管理，包含后台添加、编辑、展示商品，前端商品列表、详情。

- 订单管理，包含前台购买、支付，后台展示订单。
- 用户管理，包含用户登录、注册，后台展示用户列表。
- 地址管理，包含前台用户收货信息的管理。

17.5   模块设计

根据需求分析和功能分析，可以得出大致的模块结果，稍微复杂一点的可能是订单逻辑。商城系统的主体有商品、订单、用户、地址，模块关系如图 17-2 所示。

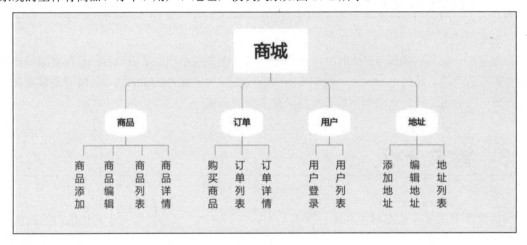

图 17-2

17.6   数据库设计

根据图 17-1 所示的模块结构可以得出以下数据表：

- m_address：用户地址表
- m_goods：商品表
- m_order：订单表
- m_user：用户表

17.6.1   数据库关系

数据库模型使用 MySQL Workbench 构建，数据表包括 user、address、goods、order，相互之间的关系比较简单，数据库关系如图 17-3 所示。

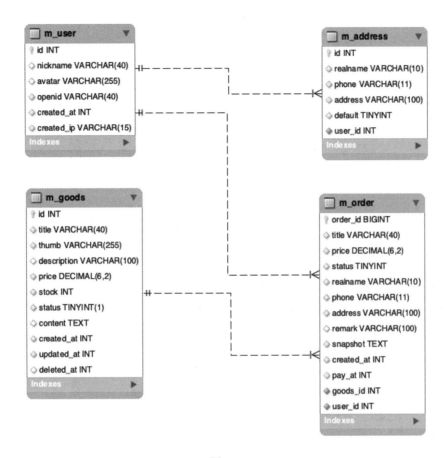

图 17-3

17.6.2 数据库关系说明

商城系统的数据库设计采用了简洁直观的关系模型。在这套模型中，地址信息直接关联到用户，通过用户表中的用户 ID 在地址表中进行标识，确保了地址信息与特定用户的唯一对应关系。

当用户选定并购买商品时，系统会自动生成一条订单记录。因此，订单表中不仅包含商品 ID，还包含购买者的用户 ID，以确保订单信息的准确性和可追溯性。

关于订单表中的地址信息，可能有些读者会产生疑问：为何订单表中不直接存储地址 ID？这里需要解释的是，一旦用户下单，其选择的地址信息应当被固定下来，不应随着用户后续对地址的编辑而发生变动。因此，订单表中存储的是具体的地址信息，而非地址 ID，以确保订单的一致性和稳定性。

同样的道理也适用于商品快照。即使商品的价格或其他信息在后期被修改，这些变更也不会影响已经生成的订单。通过存储商品快照，我们可以确保订单中的商品信息保持原始状态，保障交易的公平性和透明性。

17.6.3 数据库字典

本章涉及的数据表如表 17-1~表 17-4 所示。

表 17-1　m_address（地址表）

字段名称	字段类型	字段说明	字段属性
id	int(10)	地址 ID	PK/UN/AI/NN
realname	varchar(10)	姓名	NN
phone	varchar(11)	手机号码	NN
address	varchar(100)	详细地址	NN
default	tinyint(4)	是否默认	NN
user_id	int(10)	用户 ID	NN/UN

表 17-2　m_goods（商品表）

字段名称	字段类型	字段说明	字段属性
id	int(10)	商品 ID	PK/UN/AI/NN
title	varchar(40)	商品名称	NN
thumb	varchar(255)	商品缩略图	NN
description	varchar(100)	商品简介	NULL
price	decimal(6,2)	商品价格	UN/NN
stock	int(11)	库存	NN
status	tinyint(1)	状态	NN/UN
content	text	商品详情	NN
created_at	int(11)	添加时间	NN
updated_at	int(11)	更新时间	NN
deleted_at	int(11)	删除时间	NULL

表 17-3　m_order（订单表）

字段名称	字段类型	字段说明	字段属性
order_id	bigint(20)	订单 ID	UN/AI/PK/NN
title	varchar(40)	订单名称	NN
price	decimal(6,2)	订单价格	NN
status	tinyint(4)	订单状态	NN
realname	varchar(10)	收货人姓名	NN
phone	varchar(11)	收货人手机号码	NN
address	varchar(100)	收货地址	NN
remark	varchar(100)	评论	NN
snapshot	text	商品快照	NN
created_at	int(11)	下单时间	NN
pay_at	int(11)	支付时间	NN
goods_id	int(10)	商品 ID	NN/UN
user_id	int(10)	用户 ID	NN/UN

表 17-4 m_user（用户表）

字段名称	字段类型	字段说明	字段属性
id	int(10)	用户 ID	PK/AI/UN/NN
nickname	varchar(40)	昵称	NULL
avatar	varchar(255)	头像	NULL
openid	varchar(40)	用户 openid	UQ
created_at	int(11)	注册时间	NN
created_ip	varchar(15)	注册 IP	NN

17.7 效果展示

微信小程序商城系统中涉及的界面效果如图 17-4~图 17-20 所示。

图 17-4（管理员登录页面）

图 17-5（商品管理页面）

管理后台 / 商品管理 / 发布商品	管理后台 / 商品管理 / 发布商品
名称	**名称**
商品名称	测试商品2
缩略图	**缩略图**
选择文件　未选择任何文件	选择文件　未选择任何文件
简介(选填)	**简介(选填)**
100字以内	测试商品2
价格(元)	**价格(元)**
商品价格	100.00
库存	**库存**
商品库存	100
商品状态	**商品状态**
上架	上架
详情内容	**详情内容**
商品详细介绍	测试商品2

图 17-6（发布商品页面）　　　　　　　　　　　　图 17-7（编辑商品页面）

图 17-8（订单管理页面）

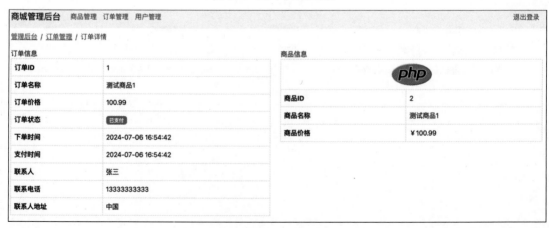

图 17-9（订单详情页面）

图 17-10（用户管理页面）

图 17-11（小程序授权登录页面）

图 17-12（小程序个人中心页面）

图 17-13（小程序地址管理页面）

图 17-14（小程序添加地址页面）

图 17-15（小程序编辑地址和删除该地址页面）

图 17-16（小程序我的订单页面）

图 17-17（小程序订单详情页面）

图 17-18（小程序首页页面）

图 17-19（小程序商品详情页面）　　　　　　　　图 17-20（小程序购买商品页面）

17.8　代码示例

17.8.1　购买商品

真实的电商系统购买商品流程非常复杂，比如风控、活动处理、优惠处理、购买资格处理等，但是核心逻辑和本项目是一致的，主要就是扣减商品库存、生成订单、等待用户支付。

```php
/**
 * 购买
 * @param int   $goodsId
 * @param int   $userId
 * @param array $data
 * @return Order
 */
public function buy($goodsId, $userId, array $data)
{
    return Db::transaction(function () use ($goodsId, $userId, $data) {
        /** @var Goods $goods */
        $goods = Goods::where('id', $goodsId)->lock(true)->find();
        if (empty($goods)) {
            throw new Exception('商品不存在');
        }
        if ($goods->stock < 1) {
            throw new Exception('库存不足');
```

```
        }
        $goods->stock--;
        if (!$goods->save()) {
            throw new Exception('购买失败');
        }

        $orderData = [
            'title' => $goods->title,
            'price' => $goods->price,
            'status' => Order::STATUS_CREATED,
            'realname' => $data['realname'],
            'phone' => $data['phone'],
            'address' => $data['address'],
            'snapshot' => $goods->toJson(),
            'goods_id' => $goodsId,
            'user_id' => $userId
        ];
        $order = new Order();
        $order->data($orderData);
        if (!$order->save()) {
            throw new Exception('购买失败');
        }
        return $order;
    });
}
```

17.8.2　JWT 使用示例

JWT 是 Json Web Token 的缩写，是新一代 Token 生成算法，该算法使用数据+签名的形式保证数据完整性。这里特别提醒，JWT 的 payload 是不加密的，只是用 Base64 编码了，因此不要存储敏感信息到 JWT 中。

下面以用户登录为例，介绍一下 JWT 的使用流程。

1. 生成Token

基于用户信息生成 Token，业界做法一般写入用户 ID 和过期时间，示例如下：

```
$user['token'] = JWT::encode([
'user_id' => $user['id'],
'expired_at' => time() + config('app.params.jwt.ttl')
], config('app.params.jwt.key'), 'HS256');
```

2. 客户端存储Token

客户端通过 HTTP 请求获取到 Token 后存储到本地存储，比如本项目使用微信小程序，存储到本地的代码如下：

```
wx.setStorageSync('auth.token', token);
```

3. 客户端带Token发起请求

客户端发起请求时，将 token 注入 Header 中的 Authorization 字段：

```javascript
export function request(path, options) {
    return new Promise((resolve, reject) => {
        setTimeout(() => {
            options.url = baseURL + path;
            options.header = options.header || {};
            const app = getApp();
            if (app.globalData.token) {
                options.header['Authorization'] = `Bearer
${app.globalData.token}`;
            }
            options.success = function (res) {
                if (res.statusCode !== 200) {
                    const err = new Error('请求失败');
                    err.code = res.statusCode;
                    reject(err);
                    return;
                }
                if (res.data.errcode !== 0) {
                    const err = new Error(res.data.errmsg);
                    err.code = res.data.errcode;
                    reject(err);
                    return;
                }
                resolve(res.data.data);
            }
            options.fail = function (err) {
                reject(new Error(err.errMsg));
            }
            wx.request(options);
        }, 0);
    });
}
```

4. 服务端解析Token

服务端收到客户端请求后，解析 Authorization 字段，并调用 JWT 解析 payload，最后校验是否过期：

```php
protected function userId()
{
    $authorization = $this->request->header('Authorization');
    if (empty($authorization)) {
        throw new Exception('未登录', 401);
    }
    $payload = JWT::decode($authorization, config('app.jwt_key'));
    if ($payload->expired_at < time()) {
        throw new Exception('未登录', 401);
```

```
    }
    return $payload->user_id;
}
```

成功解析到 user_id 后就可以进行其他操作，比如获取用户信息、用户订单等。

17.8.3　异常处理

本项目中用户端使用 JSON 响应格式，而管理端使用 HTML，因此异常处理器做了适当修改，根据请求路径自适应响应格式：

```
public function render($request, Throwable $e): Response
{
    if(str_starts_with($request->controller(),'admin')) {
        return parent::render($request, $e);
    }
    // 添加自定义异常处理机制
    return json([
        'errcode' => $e->getStatusCode() ?: 500,
        'errmsg' => $e->getMessage()
    ]);
}
```

17.9　项目总结

随着本章小程序商城系统的开发教程圆满结束，我们希望读者能够从中获得宝贵的知识和经验。对于不太熟悉小程序或前端开发的读者来说，本章内容可能稍显挑战，但考虑到目前众多互联网巨头都在积极推动小程序生态的发展，我相信投入时间去掌握小程序开发技能是一项非常值得的投资。

此外，对于本章中提到的小程序 appid 和 secret 等关键信息，读者可以自行前往微信官方后台进行查询。值得一提的是，即便是个人开发者，目前也能够申请并开发个人版的小程序。

在本章的学习中，处理购买商品时的事务管理和加锁机制可能较为复杂。在实际开发过程中，尤其是在面对高并发的业务场景时，合理的加锁策略是保证数据一致性的关键。然而，我们也必须意识到，数据库加锁可能会带来一定的性能开销。如果项目对性能有较高要求，我们可能需要考虑引入其他类型的锁机制，例如利用 Redis 等内存数据库来实现更为高效的锁服务。

通过本章的学习，希望读者能够对小程序开发有一个更深入的理解，并掌握在复杂场景下进行有效数据处理的技巧。随着技术的不断进步和实践的深入，相信每位开发者都能够在小程序开发的道路上不断进步和成长。

17.10　项目代码

本项目已经托管到 github.com，服务端地址为 https://github.com/xialeistudio/ThinkPHP
8-In-Action/tree/main/mall-php，小程序地址为 https://github.com/thinkphp5-inaction/mall-applet。读者
有任何问题都可以在 github.com 上提问。

后　记

在这段学习旅程中，我们不仅通过实践深入了解了 ThinkPHP 框架，而且还体会到家人支持的重要性。在此，我要特别感谢我的妻子，她的支持和理解是我不断前进的动力。

随着 ThinkPHP 知识的深入介绍，我们通过一系列实际项目的实践，再次印证了"实践是检验真理的唯一标准"这一理念。真正深入项目开发，是理解 ThinkPHP 框架开发流程的最佳途径。

在学习旅程中，如果你们遇到任何难题或疑问，可以通过以下方式与我取得联系或关注我的动态（添加时请注明"ThinkPHP"）：

- 微信: xialeistudio

- 微信公众号:

- 邮箱: 1065890063@qq.com
- GitHub: https://github.com/xialeistudio
- 博客: https://www.ddhigh.com

在时间允许的情况下，我会逐一为大家解答，帮助每位读者更深入地掌握并应用 ThinkPHP 框架。

最后，我想引用 ThinkPHP 框架的一句经典格言："大道至简，开发由我"。愿这句话能激励读者在今后的开发工作中追求简洁、高效，创造更多的可能。祝愿各位读者在未来的职业道路上一切顺利，不断取得新的成就！